PHÄNOMENTA

KLARTEXT

PHÄNOMENTA

1. Auflage Januar 2010

Satz und Gestaltung
Klartext Medienwerkstatt GmbH, Essen

Umschlaggestaltung
Volker Pecher, Essen

Druck und Bindung
Himmer AG, Augsburg

© Klartext Verlag, Essen 2009

ISBN 978-3-8375-0247-3

www.klartext-verlag.de

Inhalt

Die Stationen im Überblick

Willkommen in der PHÄNOMENTA

Liebe Besucherinnen und Besucher,
liebe Leserinnen und Leser,
mit diesem Buch machen Sie einen Ausflug in die Welt der Wissenschaft: Willkommen in der PHÄNOMENTA – dem ersten Science Center in Nordrhein-Westfalen. Die PHÄNOMENTA ist ein modernes Museum mit spannenden Experimenten zum Mitmachen und Ausprobieren. Hier wird Physik und Technik zum Erlebnis für jeden, für Anfänger, Fortgeschrittene oder Experten. Wie entsteht ein Blitz? Und warum leuchtet eine Glühbirne? Was von Physikern bereits erforscht wurde, kann in der PHÄNOMENTA noch einmal praktisch nachvollzogen werden. Auch wer bislang noch keinen Zugang zur Physik gefunden hat, ist hier begeistert bei der Sache.

In einem umgebauten Fabrikgebäude mit familienfreundlicher Atmosphäre können die Besucher gefahrlos mit Technik experimentieren und so erfahren, wie viel Physik in unserem Alltag steckt. Dabei liegt den Machern der PHÄNOMENTA besonders die Förderung des Nachwuchses am Herzen. Die interaktive Ausstellung bietet ein ideales Umfeld, um Kinder schon im Vorschulalter spielerisch für Naturwissenschaften zu begeistern und frühzeitig das Interesse an Ingenieurberufen zu wecken. Und zu unserem Erstaunen haben wir festgestellt, dass die Konzepte für Kindergärten auch von Erwachsenen geschätzt werden. Denn die PHÄNOMENTA ist besonders

geeignet für diejenigen, die glauben, von Physik und Technik nichts zu verstehen. Ob Elektrizität oder Mechanik, optische Illusionen oder akustische Täuschungen: Manche Versuche sind verblüffend einfach und andere einfach verblüffend.

Warum das so ist und wie genau die Experimente funktionieren, diese Fragen haben wir auf vielfachen Wunsch der Besucher gesammelt und in diesem Katalog beantwortet. Dieses Buch begleitet Sie vor, während oder nach dem Besuch der Ausstellung und vermittelt anschaulich wissenschaftliche Hintergründe und Zusammenhänge.

Viel Vergnügen beim Experimentieren ...

Die Entstehungsgeschichte der Science Center

»Anfassen erwünscht« – mit diesem interaktiven Konzept setzen Science Center einen deutlichen Kontrapunkt zum klassischen Museum. Experimente und Mitmachstationen machen die Welt der Naturwissenschaften buchstäblich »begreifbar«, Lernen und Verstehen werden gleichgesetzt mit Handeln und Erfahren. Seit einigen Jahren erleben Science Center geradezu einen Boom, im Zuge dessen immer neue Häuser entstehen. Die PHÄNOMENTA Lüdenscheid besteht seit 1996 und ist das erste Science Center in ganz Nordrhein-Westfalen.

Das erste Science Center überhaupt wird von dem amerikanischen Physiker Frank Oppenheimer aufgebaut und 1969 unter dem Namen Exploratorium in San Francisco eröffnet. Oppenheimer ist in den 60er-Jahren als Lehrer an einer Kleinstadtschule beschäftigt. Um einen anschaulichen Unterricht trotz fehlender Mittel zu ermöglichen, sucht er mit seinen Schülern die Müllhalden nach Material ab. Daraus entstehen zahlreiche Experimente zum Selbermachen, die er in seiner »Library of Experiments« zusammenfasst. Sie wird fester Bestandteil seiner Pädagogik und später im Exploratorium einer breiten Öffentlichkeit zugänglich gemacht. Die Idee für solch ein Technikmuseum ganz neuer Art kommt Oppenheimer übrigens nach einem Besuch im Deutschen Museum in München, das als Naturkundemuseum schon damals z. B. mit Exponaten, die mit Knopfdruck bedient werden können, einen ersten interaktiven Ansatz verfolgt.

Zeitgleich zu Oppenheimer beschäftigt sich auch der deutsche Künstler und Philosoph Hugo Kükelhaus mit dem Gedanken des erlebnis- und handlungsnahen Lernens. So entwickelt er für Schulen naturkundliches Spielwerk, das die Natur und ihre Gesetze mit allen Sinnen erfahrbar machen soll. Diese »Phänobjekte« präsentiert Kükelhaus 1967 auf der Weltausstellung in Montreal und in den folgenden Jahren in zahlreichen Wanderausstellungen in Deutschland und vor allem in der Schweiz. Damit wird er hierzulande zum entscheidenden Wegbereiter für die Umsetzung der sogenannten »Hands-on«-Pädagogik und für die darauf basierende Science-Center-Bewegung.

Das der anthroposophischen Lehre verpflichtete Werk von Kükelhaus bleibt Oppenheimer sowie in England und Amerika überhaupt unbekannt. Es ist das Konzept Oppenheimers, das zunächst vor allem im angelsächsischen Raum zur Nachahmung inspiriert. In Deutschland kann die Idee vom Science Center im Stil vom Exploratorium erst relativ spät Fuß fassen.

1982 schwappt die Welle auch nach Deutschland über. In Berlin eröffnet eine erste interaktive Ausstellung als Abteilung des Museum für Technik und Verkehr. Daraus erwächst schon bald das Spektrum, ein großes Experimentierfeld in eigenen Räumen. In Flensburg entwickelt Professor Fiesser das Konzept der PHÄNOMENTA und realisiert es 1985 in einer Ausstellung innerhalb der Universität. Auch daraus entsteht wenige Jahre später ein eigenes Haus. Die PHÄNOMENTA Flensburg schließlich wird wichtiges Vorbild und auch Namenspatin für die entstehende Ausstellung in Lüdenscheid.

Ein kleines Team aus engagierten Lüdenscheidern treibt seit Beginn der 90er-Jahre die Realisierung der PHÄNOMENTA voran. Als die Pforten 1996 für die ersten Besucher geöffnet werden, ist das Science Center in Deutschland noch immer weitgehend unbekannt. Die weitere Geschichte der PHÄNOMENTA Lüdenscheid ist eine Erfolgsgeschichte. In den folgenden Jahren kommen zahlreiche neue Experimente hinzu. Viele davon entstehen in der eigenen Werkstatt. Der Einsatz der Begründer und Förderer ist unermüdlich. Das zahlt sich aus. Der Besucherstrom wächst. Bald schon reichen die Räume, in denen einst Rasierer, Gabelkopfkappen und Besteck hergestellt wurden, nicht mehr aus. Bereits im Jahr 2000 kommt ein moderner Anbau hinzu, der den Anblick der heutigen PHÄNOMENTA prägt.

Inzwischen zählt die PHÄNOMENTA jährlich bis zu 100.000 Besucher. Sie kommen aus dem Ruhrgebiet und dem Rheinland. Aber auch immer mehr Besucher aus ganz Deutschland sowie dem Ausland verbinden Lüdenscheid mittlerweile mit physikalischem Spaß.

Wissenswertes zur Physik

Naturwissenschaften erforschen die Natur. Dabei beobachten Naturwissenschaftler zunächst Naturerscheinungen, wie ein Gewitter, einen Regenbogen, gefrierendes Wasser, schmelzenden Schnee und etliche Dinge mehr. Dadurch erkennen sie erste Eigenschaften dieser Naturphänomene. Oft führen diese ersten Beobachtungen zu neuen tiefergehenden Fragen. Um sie zu beantworten, führen Naturwissenschaftler Experimente durch. Man kann auch sagen, dass sie in Form dieser Versuche gezielte Fragen an die Natur stellen. Dabei zeichnen sich Experimente dadurch aus, dass sie beliebig oft wiederholt werden können und unter denselben Umständen immer zu den gleichen Ergebnissen führen. Erst dadurch erhalten die Erkenntnisse aus diesen Versuchen ihre allgemeine Gültigkeit. Durch diese Vorgehensweise grenzen sich die Naturwissenschaften von den Geistes- und Sozialwissenschaften ab.

Physik ist eine der Naturwissenschaften und zeichnet sich vor allem durch ihre mathematisch exakte Vorgehensweise aus, was für den Laien oft abschreckend wirkt. Gelegentlich wird auch behauptet, Physik sei die grundlegende Naturwissenschaft, weil viele andere Wissenschaften, wie die Chemie, Medizin oder Ingenieurwissenschaften, von ihr abhängen. Vielleicht aber ist die Behauptung auch der Tatsache geschuldet, dass eine völlig eindeutige Definition darüber, was Physik ist oder welche Gebiete zur Physik gehören, nicht möglich ist.

Heute beschäftigt sich die Physik weniger mit der großen, für den Menschen sichtbaren Natur, sondern deutlich stärker mit dem Mikrokosmos. Demnach lässt sich ihre Entwicklungsgeschichte in drei große Epochen unterteilen. In der Antike befasste sich die Physik mit der ganzen Natur. D. h. Disziplinen wie Philosophie, Mathematik und Astronomie fielen ebenso unter den Begriff Physik wie gelegentlich auch die Theologie.

Die klassische Physik hat ihren Ursprung im 16. und 17. Jahrhundert. Sie wurde durch die beiden Physiker Galileo Galilei, der das Experiment als wichtigste Erkenntnismethode der Physik einführte, und Isaac Newton, der mit seiner Mechanik und Gravitationslehre die Grundlagen der klassischen Physik schuf, begründet. Die Teilgebiete der klassischen Physik sind u. a. Mechanik, Akustik, Wärmelehre, Optik, Elektrizitätslehre und Magnetismus. Ausgangspunkte für diese Einteilung sind Wahrnehmungen und Beobachtungen mit unseren Sinnesorganen, wobei die Elektrizitätslehre und der Magnetismus nicht in dieses Schema passen. Die Relativitätstheorie sowie die Entdeckung des Atomaufbaus zu Beginn des 20. Jahrhunderts begründeten den Anfang der modernen Physik. Sie hob wesentliche Konzepte der klassischen Physik auf oder machte deren Grenzen deutlich. Wichtige Teilgebiete der modernen Physik sind Quantenmechanik, Festkörperphysik, Teilchen- und Elementarteilchenphysik.

Angelehnt an die klassische Physik, sind die Experimente der PHÄNOMENTA den folgenden Gebieten zugeordnet:
- **Die Optik** ist die Physik rund um das Auge und die Lehre vom Licht.
- **Die Akustik** ist die Physik rund um das Ohr und die Lehre vom Schall.
- **Die Mechanik** bezeichnet die Lehre von Kräften und Bewegungen und ist das älteste und grundlegende Teilgebiet für die anderen Gebiete der Physik.
- **Die Elektrizität** beschäftigt sich mit Phänomenen, die ihre Ursache entweder in ruhender oder bewegter elektrischer Ladung sowie deren elektrischen und magnetischen Feldern haben.

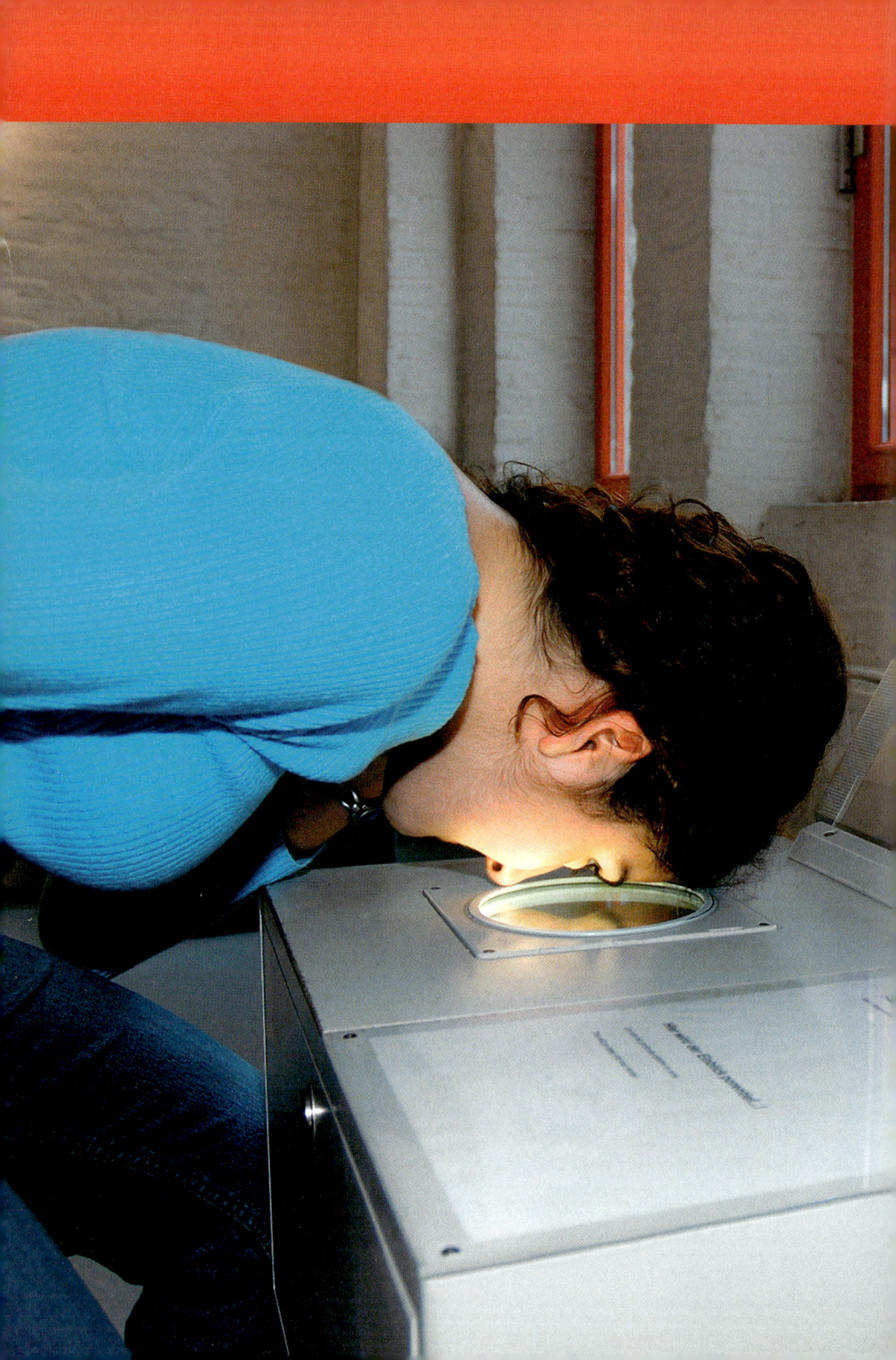

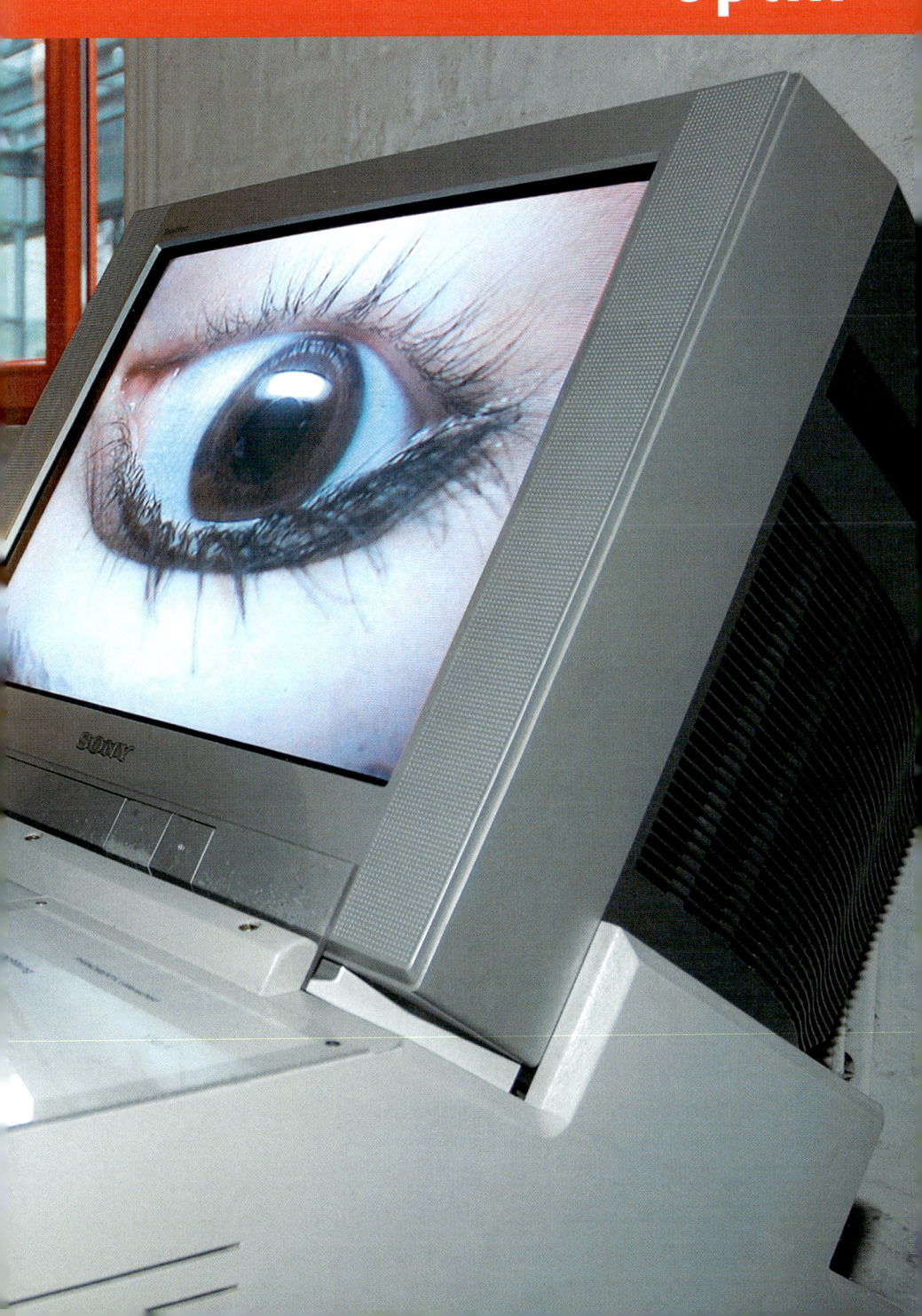

Optik –
Physik rund um das Auge

Optik ist die Physik rund um das Auge und die Lehre vom Licht. Licht ist für die menschliche Wahrnehmung von größter Bedeutung. Kommen wir in einen völlig abgedunkelten Raum, sehen wir gar nichts. Erst wenn wir eine Lichtquelle einschalten, sei es eine Taschenlampe oder Glühbirne, wird uns deutlich, wo wir uns befinden und wie es dort aussieht. Denn ohne das von den Gegenständen reflektierte Licht, das in unser Auge fällt, sind Menschen blind.

Neben der Wahrnehmung des Lichts beschäftigt sich die Optik auch mit seiner Ausbreitung, mit der Bildung von Schatten und dem Verhalten von Licht, wenn es von einem Stoff in einen anderen übertritt. Beim Übergang von Luft in Wasser wird das Licht von seiner geradlinigen Ausbreitung um einen bestimmten Winkel abgelenkt, man sagt, es wird gebrochen. Wenn das Licht aus mehreren Farben besteht, wie etwa das Sonnenlicht, werden die verschiedenen Farben unterschiedlich stark gebrochen und sind anschließend jeweils einzeln zu erkennen. In diesem Fall spricht man von Dispersion. Auf die gleiche Art entsteht auch die farbliche Aufspaltung des Sonnenlichts in Regentropfen, die wir am Himmel als Regenbogen sehen können.

Optik behandelt aber auch die gezielte Beeinflussung der Lichtausbreitung durch den Menschen. Dazu gibt es eine Sammlung verschiedener Linsen, Platten und Prismen. Mit der Sammellinse, auch Konvexlinse genannt, kann man parallel eintreffende Lichtstrahlen an einem Punkt hinter der Linse bündeln, dem Brennpunkt. Die Zerstreuungslinse ist das Gegenteil der konvexen Linse. Ihre

Oberfläche ist nach innen gewölbt (konkav). Das verursacht eine Streuung aller einfallenden Lichtstrahlen. Eine Kombination aus mehreren Konvex- oder Konkavlinsen ist in jedem Objektiv einer Foto- oder Videokamera, in Fernrohren oder Ferngläsern zu finden. Das erste Fernrohr wurde um 1608 von Hans Lipperhey konstruiert und 1609 von Galileo Galilei nachgebaut, mit dem er die vier größten Monde des Jupiters und die Berglandschaften des Erdmondes entdeckte. Mit einem Prisma kann die Aufspaltung von Licht in seine einzelnen Farben, wie bei einem Regenbogen, künstlich erzwungen werden.

Neben Linsen, Platten oder Prismen lässt sich die Ausbreitungsrichtung des Lichts auch mit verschiedenen Spiegeln beeinflussen. Diese reichen von ebenen Spiegeln über Zylinder- und Parabolspiegel bis hin zu Kugelspiegeln.

In der PHÄNOMENTA gibt es viele Experimente zum Thema Optik und Licht. Dabei kann die Ausbreitung des Lichts mit verschiedenen geometrischen Objekten beeinflusst, die Funktionsweise eines Fotoapparats nachvollzogen oder einfach die eigene Haut wie unter einem Mikroskop beobachtet werden. Zahlreiche Spiegel bieten die Möglichkeit, Rückschlüsse über die Richtungsänderung des einfallenden Lichts an der Spiegeloberfläche zu ziehen. Eine interessante Erfahrung ist die Schwierigkeit, seine eigenen Handbewegungen zu koordinieren, während man unentwegt in einen Spiegel blickt. Wie leicht der Mensch in seiner visuellen Wahrnehmung getäuscht werden kann, erfährt man durch die zahlreichen optischen Täuschungen der PHÄNOMENTA.

Gefrorene Schatten

Unser Schatten ist uns aus unserem täglichen Leben wohlbekannt. Er ist ein absolut zuverlässiger Begleiter und macht jede unserer Bewegungen mit. An dieser Station aber könnt ihr euren Schatten überlisten und ihn gefrieren lassen.

Man hat herausgefunden, dass Licht sich nicht immer wie eine Welle, sondern unter bestimmten Umständen wie winzige Teilchen verhält. Treffen die Lichtteilchen auf die Oberfläche nachleuchtender Materialien, stoßen sie mit den Molekülen in der Materialschicht zusammen und übertragen dabei ihre Energie an deren Elektronen. Dadurch geraten Letztere aus ihrem Grundzustand in einen angeregten Zustand.

Da die Elektronen im Molekül stets einen möglichst energiearmen Status annehmen wollen, versuchen sie ihre hinzugewonnene Energie abzugeben. Das können die Elektronen bei nachleuchtenden Materialien aber erst nach einer gewissen Zeit, weil der angeregte Zustand eine bestimmte Lebensdauer besitzt. Liegt diese bei nicht nachleuchtenden Materialien im Bereich einer Milliardstel Sekunde, beträgt sie in den nachleuchtenden Materialien mehrere tausendstel Sekunden bis hin zu einigen Sekunden. Das bedeutet, dass hier die Rückkehr in den Grundzustand entsprechend später stattfindet. Dabei wird

Energie freigesetzt, wodurch ein Lichtblitz entsteht.

Das Material, auf das die winzigen Lichtteilchen gestoßen sind, leuchtet also auch dann noch, wenn das Licht schon lange wieder aus ist. Man sagt, es leuchtet nach. Dieser Vorgang heißt Phosphoreszenz und die nachleuchtenden Materialien phosphoreszierende Materialien.

Auch bei unserer Station Gefrorene Schatten wird das Prinzip der Phosphoreszenz benutzt: Die Bereiche der phosphoreszierenden Wand, die vom Menschen verdeckt und damit von der gegenüber angebrachten Lampe weniger beleuchtet werden, leuchten auch nicht nach. Im Vergleich mit den unverdeckten und damit stärker nachleuchtenden Regionen der Wand erscheinen solche Flächen als Schatten, die sich nicht bewegen – eben gefrorene Schatten.

Der Effekt des Nachleuchtens wird auch im Alltag häufig benutzt. So sind wir dank phosphoreszierender Materialien selbst im Dunkeln noch in der Lage, die Uhrzeit von einer Uhr oder den Hinweis auf einem Schild zu lesen.

Zeitverzögerung

Wer möchte nicht zuweilen die Zeit ein Stück weit zurückdrehen und sein Handeln noch einmal genau betrachten? Die Zeitverzögerungskamera der PHÄNOMENTA macht dies möglich.

Die Kamera an dieser Station ermöglicht einen Blick in die nahe Vergangenheit. Alles, was auf der Leinwand zu sehen ist, ist bereits vor einigen Sekunden geschehen. Die Verzögerung entspricht dem Zeitraum, den das Licht braucht, um von der Erde zum Mond und wieder zurückzugelangen.

Die Kamera verdeutlicht, dass das Licht zwar eine immens große, aber doch begrenzte Geschwindigkeit besitzt. Die Physiker nennen das endliche Geschwindigkeit. Sie liegt nach heutigen Messungen bei 299.792.485 Metern pro Sekunde, also ungefähr 1 Billion (das ist eine Eins mit neun Nullen) Stundenkilometern, und ist eine der am genauesten vermessenen Naturkonstanten.

Um die Strecke von der Erde zum Mond zurückzulegen, muss das Licht im Mittel eine Strecke von 384.400.000 m bewältigen. Dafür braucht es etwas mehr als eine Sekunde (genau genommen 1,28 Sekunden). Für das Doppelte dieser Strecke benötigt das Licht also 2,56 Sekunden. Genau um diesen Zeitraum ist das Bild an dieser Station verzögert.

Dass das Licht eine endliche Geschwindigkeit besitzt, wurde erst 1905 von Albert Einstein entdeckt. Seitdem gilt diese Geschwindigkeit auch als maximale Geschwindigkeit, mit der sich Körper bewegen können. Bis 1905 war man der Meinung, dass es unendliche Geschwindigkeiten geben muss. Die Erkenntnis von der Endlichkeit der Lichtgeschwindigkeit war also ein deutlicher Widerspruch zur bis dahin geltenden Physik und wurde deshalb auch erst Jahre später offiziell anerkannt. Damit war die Relativistische Physik geboren.

Lichtinsel

Experimentiere auf spielerische Weise mit den Phänomenen Reflexion und Brechung: An dieser Station liegen Linsenmodelle, Prismen und Spiegel bereit, mit denen du Licht bündeln, umlenken oder in seine einzelnen Farben aufspalten kannst.

Wenn Licht durch ein durchsichtiges Medium hindurch auf ein anderes fällt – zum Beispiel von Luft auf Glas –, dann wird ein Teil des Lichts an der Grenzfläche beider Stoffe reflektiert und der andere Teil tritt durch die Grenzfläche hindurch in das zweite Medium über. Dabei ändert sich die Richtung des Lichtstrahls, man sagt, das Licht wird gebrochen. Nur wenn das Licht senkrecht zur Oberfläche des zweiten Mediums einfällt, wird es nicht gebrochen. In allen anderen Fällen gilt: Die Richtungsänderung ist umso stärker, je größer der Einfallswinkel ist.

Die Brechung von Licht ist grundlegend für die Wirkungsweise von optischen Linsen. Je nachdem wie man ihre Oberfläche gestaltet, ändern sich die Eigenschaften. Die verschiedenen Linsen, Platten und Prismen der Lichtinsel besitzen dementsprechend unterschiedliche Merkmale:

Die plankonvexe **Sammellinse** besteht aus einer nach außen gewölbten (konvexen) Krümmung und einer ebenen (planen) Rückseite. Durch ihre Form bündelt sie parallel einfallende Strahlen in einem Punkt hinter der Linse, dem Brennpunkt.

Die **Zerstreuungslinse** ist das Gegenteil der konvexen Linse. Ihre Oberfläche ist nach innen gewölbt (konkav). Das verursacht eine Streuung sämtlicher einfallender Lichtstrahlen.

Die **planparallele Platte** ist ein durchsichtiger Quader. In ihm wird das Licht zweimal gebrochen, sodass der Strahl insgesamt seine Richtung beibehält und nur um die verschobene Strecke innerhalb des Quaders versetzt wird.

Das **Prisma** ist ein dreieckiger Körper. Mit ihm kann das Licht in seine einzelnen Farben aufgespalten werden. So besteht weißes Licht immer aus mehreren bunten Farben, die mit Hilfe des Prismas sichtbar gemacht werden können.

Hautbeobachtung

Porentief ist der Einblick, egal ob es ein Finger ist, die ganze Hand oder der Pullover. Wenn du das zu beobachtende Objekt auf die Glasplatte legst, kannst du es auf dem Bildschirm wie unter einem Mikroskop beobachten.

Unter der Glasplatte befinden sich eine Lampe zur Beleuchtung und eine stark vergrößernde Videokamera, die eine ähnliche Funktion wie das Linsensystem in einem Mikroskop erfüllt. Sie nimmt einen kleinen Ausschnitt des Gegenstands auf, der auf der Glasscheibe liegt. Stark vergrößert wird dieses Bild sofort an dem eingebauten Monitor dargestellt.

Auf ihm kann dann alles ganz genau beobachtet werden.

Bei vielen Mikroskopen ist der Aufbau vergleichbar zur Station Hautbeobachtung. Auch dort lassen sich mittlerweile Bildschirme anschließen, sodass man nicht mehr durch das Mikroskop schauen muss, sondern die Objekte am Monitor betrachtet.

Große Kamera

Schaut ihr von außen durch die große Linse in den dunklen Saal hinein, könnt ihr praktisch nichts erkennen. Erst innen im Saal wird klar, dass die Linse an der Wand das Objektiv einer großen Kamera darstellt. Es fängt die Ereignisse draußen auf und wirft sie als Bild auf eine große Leinwand im Saal.

Bei der in die Außenwand des Saals eingelassenen Linse handelt es sich um eine Sammellinse. Wie ihr Name schon andeutet, bündelt sie alle Lichtstrahlen, die von einem gemeinsamen Punkt ausgehen und auf die Linse treffen, in einem bestimmten Punkt hinter der Linse. Das geschieht durch Brechung des Lichts an den Oberflächen der Linse. Stellt man sich nun eine waagerechte Linie durch den Mittelpunkt der Linse vor, erhält man die sogenannte optische Achse. Befindet sich der Gegenstandspunkt oberhalb dieser Achse, projiziert die Linse den Bildpunkt in einen Bereich unter ihr und umgekehrt. Deshalb stehen die Bilder der großen Kamera immer auf dem Kopf. Das Gleiche gilt für das Verhältnis von links und rechts. Steht der Gegenstand links von der optischen Achse, werden die von ihm ausgehenden Lichtstrahlen in einem Punkt rechts von ihr gebündelt, das Bild ist seitenverkehrt.

Wenn die Gegenstände oder Personen weit von der Linse entfernt sind, muss man die Mattscheibe nah an die Linse schieben und das Bild wird klein auf dieser abgebildet. Für Gegenstände, die dicht vor der Linse sind, gilt das Gegenteil. Wenn sie sich allerdings zu nah vor der Linse befinden, ist diese nicht mehr in der Lage, alle Strahlen in einem Punkt zu bündeln und es lässt sich kein Bild mehr auffangen. Um überhaupt etwas auf der Leinwand zu erkennen, muss diese in einem dunklen Raum sein. Denn nur dann wird das Bild nicht vom Umgebungslicht überstrahlt.

Die große Kamera funktioniert genau wie ein Fotoapparat. Bei ihm sorgt ein Gehäuse für die dunkle Umgebung. An Stelle der Mattscheibe befindet sich ein lichtempfindlicher Film in der Kamera, der die Fotos festhält.

Gedrehtes Licht

Die beiden Filterfolien dieser Station sind optische Eierschneider: Sie lassen Licht nur in einer bestimmten Ausrichtung hindurch. Verdreht man sie im rechten Winkel, können die Lichtstrahlen nur dann beide Filter passieren, wenn sie zwischendurch gedreht werden. Genau das kann man hier mit verschiedenen Gegenständen wie lichtdurchlässigem Kunststoff und Plexiglas mit aufgeklebtem Tesafilm nachvollziehen.

Das für den Menschen sichtbare Licht breitet sich in Form von elektromagnetischen Wellen aus. Die Schwingungen treten dabei in vielen verschiedenen Ebenen auf, die alle senkrecht zur Ausbreitungsrichtung stehen. In diesem Fall spricht man von unpolarisiertem Licht, das transversal schwingt. Licht ist in der Regel unpolarisiert und lässt sich mit Hilfe von Polarisationsfiltern linear polarisieren. Dabei wird aus den verschiedenen Schwingungsebenen eine herausgefiltert und durchgelassen. Die restlichen werden absorbiert.

An der Station Gedrehtes Licht befinden sich sowohl in der oberen als auch in der unteren Scheibe Polarisationsfilter. Die untere Platte, der Polarisator, polarisiert das Licht, sodass es nur noch in einer Ebene schwingt. Mit der oberen drehbaren Scheibe, dem Analysator, kann man dann feststellen, in welcher Ebene das polarisierte Licht schwingt. Denn stehen die beiden Polarisationsfilter im gleichen Winkel zueinander, wird das polarisierte Licht aus dem Polarisator bis

auf geringe Verluste komplett durchgelassen. Dreht man den Analysator dann aber um 90 Grad, wird das Licht komplett absorbiert, weil die Schwingungsebene des zuvor polarisierten Lichts senkrecht auf der Durchlassebene des Analysators steht und ihn deshalb nicht mehr passieren kann. Man sagt, die Filter stehen gekreuzt.

Die unterschiedlichen Farben auf den Kunststoffscheiben entstehen durch klares Klebeband, das in mehreren Schichten kreuzweise über die Platten geklebt wurde. Durch die unterschiedlichen Dicken der Schichten und Spannungen, unter denen das Klebeband steht, werden die verschiedenen Lichteffekte erzeugt.

Polarisationen kennt man aus dem Alltag, wenn man z. B. das Spiegelbild des Himmels in einem See betrachtet. Unter einem bestimmten Betrachtungswinkel erscheint das Blau des Himmels auf der Wasseroberfläche seltsam dunkel. Auch hier wurden alle anderen Schwingungsebenen aus dem Licht herausgefiltert.

Seifenblasenfenster

Wahrscheinlich kennt jeder aus seiner Kindheit Seifenblasen. Das hier entstehende Seifenblasenfenster beruht auf demselben Prinzip und lädt wegen seiner relativ großen Stabilität hervorragend zum Experimentieren ein.

Wassermoleküle ziehen sich gegenseitig an. Dadurch entsteht eine Oberflächenspannung, die es Nadeln oder Rasierklingen ermöglicht, auf dem Wasser zu liegen. Gibt man jedoch Seife hinzu, nimmt die Oberflächenspannung ab. Das lässt sich zum Beispiel daran erkennen, das Nadeln oder Rasierklingen, die vorher noch auf dem Wasser schwammen, plötzlich versinken.

Ohne Seife ist die Oberflächenspannung so groß, dass selbst kleine Blasen aus Wasser sofort zerplatzen. Erst durch die Zugabe der Seife und die dadurch veränderten Eigenschaften des Wassers ist es möglich, das Seifenblasenfenster über eine große Fläche zu spannen. Dabei setzen sich die Seifenmoleküle an die Oberfläche der Seifenblasenhaut und schließen in der Mitte einen dünnen Wasserfilm ein. Gleichzeitig verhindern sie so ein Verdunsten des Wassers.

Doch warum schillert das Seifenblasenfenster in so bunten Farben? Auf die dünne Seifenhaut treffen Lichtwellen. Ein Teil dieses Lichts wird an der vorderen Oberfläche reflektiert, der Rest durchdringt die Schicht und gelangt zur hinteren Oberfläche. Dort geschieht Ähnliches:

Ein Teil des Lichts verlässt die Schicht, der andere Teil wird zwischen den beiden Oberflächen hin- und zurückreflektiert und verlässt dabei teilweise die Seifenhaut. Beide Lichtwellen, die sich in der Reflexion überlagern, haben einen unterschiedlich langen Weg von der Lichtquelle zum Beobachter zurückgelegt; das Licht wird obendrein in der Seifenhaut verzögert und die Welle, die an der vorderen Schicht reflektiert wird, verschiebt sich um eine halbe Wellenlänge. Alle drei Effekte führen zusammen zu einem sogenannten Gangunterschied zwischen den beiden Lichtwellen, der gerade so beschaffen sein kann, dass Wellenberg auf Wellental trifft. In diesem Fall löscht Licht sich dann mit Licht aus! Man nennt diesen Vorgang destruktive Interferenz.

Weißes Licht besteht aus den Regenbogenfarben, und jede dieser Farben hat eine bestimmte Wellenlänge. Ist der Gangunterschied gerade so beschaffen, dass eine Farbe fast vollständig ausgelöscht wird, so werden die benachbarten Wellenlängen, also Farben, zusätzlich geschwächt. Andere Wellenlängen können durch den Gangunterschied verstärkt werden: Der Wellenberg des an der vor-

deren Schicht reflektierten Lichts überlagert sich mit dem Wellenberg des an der hinteren Schicht reflektierten Lichts, entsprechend trifft Wellental auf Wellental (konstruktive Interferenz). Die durch destruktive Interferenz ausgelöschte Farbe und teilweise auch ihre Nachbarfarben fehlen im reflektierten Licht, der Rest des Spektrums mischt sich zur Komplementärfarbe, die der Beobachter wahrnimmt. Betrachtet ihr das Seifenblasenfenster aus einem anderen Blickwinkel, ist der Gangunterschied durch den veränderten Lichtweg in der Seifenhaut entsprechend anders: Ein anderer Farbbereich wird ausgelöscht und eine andere Mischfarbe reflektiert – Ergebnis ist das schillernde Farbenspiel.

Wenn man etwas wartet, sieht man, wie die Farben im oberen Teil teilweise verloren gehen. Dort ist das Wasser durch die Schwerkraft nach unten geflossen und die Seifenhaut noch dünner geworden. Tatsächlich platzt das Seifenblasenfenster meistens im oberen Bereich oder sobald die seitlichen Spannseile nicht mehr feucht genug sind.

Die besondere Rezeptur sorgt für die lange Lebensdauer der Seifenblasenhaut und ermöglicht es dem Besucher, behutsam in das Seifenblasenfenster zu pusten oder die Haut mit einem befeuchteten Finger zu berühren.

Gelber Raum

Schon beim Betreten des Gelben Raums merkt man, dass hier etwas nicht stimmt. Alle Bilder an der Wand erscheinen ungewöhnlich matt und farblos. Einzig die Farbe Gelb scheint wie gewohnt zu leuchten. Erst wenn man die Bilder mit der Taschenlampe beleuchtet, ist man erstaunt, wie farbenfroh sie eigentlich sind.

Weißes Licht, wie wir es von der Sonne oder einer Glühbirne gewohnt sind, besteht aus vielen verschiedenen Farben, die von Rot über Gelb, Grün, Blau bis hin zu Lila reichen. Eine Aufspaltung des weißen Sonnenlichts in seine Bestandteile ist zum Beispiel sehr schön beim Regenbogen zu beobachten. Diese Zusammensetzung aus vielen Einzelfarben ist für unsere Farbwahrnehmung sehr wichtig.

Trifft weißes Licht wie etwa das der Sonne auf die Oberfläche eines Gegenstandes, passiert mit den einzelnen Farben des Lichts Verschiedenes. Die unterschiedlichen Farbtöne werden von der Oberfläche entweder aufgesaugt, reflektiert, gestreut, gebrochen oder überlagert. Bei einem roten Auto beispielsweise wird ein Teil des Sonnenlichts absorbiert oder durch andere Prozesse verschluckt und alle anderen Farbanteile mischen sich nach den Gesetzen der subtraktiven Farbmischung zu Rot.

Würde das Sonnenlicht nicht alle Farben enthalten, würde uns das Auto evtl. gar nicht rot erscheinen. Das heißt also, dass die Farberscheinungen von Gegenständen oder Körpern von der farblichen Zusammensetzung des Lichts abhängen, mit dem sie bestrahlt werden. Auch die Intensität der Farben hängt von der Stärke des Lichts ab. So wirkt an einem nebeligen Tag alles sehr grau und farblos, weil viel weniger Sonnenlicht die Erde erreicht als bei einem hellen und wolkenlosen Wetter.

Auch in unserem gelben Raum liegt das Geheimnis der getäuschten Farbwahrnehmung in der Lichtquelle, mit der der Raum ausgeleuchtet wird. Sie besteht aus einzelnen LED-Lämpchen, die zum größten Teil nur gelbes Licht ausstrahlen. Weil keine anderen Farben in diesem Licht enthalten sind, können die Farben auf den Bildern unter dem Licht der LED-Lampen nur in verschiedenen Helligkeitsstufen der Farbe Gelb erscheinen. Die Abstufungen kommen dadurch zustande, dass das gelbe Licht nicht an allen Stellen der Bilder gleich stark reflektiert wird. Beleuchtet man die Bilder hingegen mit einer ganz gewöhnlichen Taschenlampe, die wie die Sonne weißes Licht ausstrahlt, kann man die verschiedenen Farbtöne wieder sehen.

Mischfarben

Sonnenlicht oder auch das gewohnte künstliche Licht erscheint weiß. Tatsächlich ist dieses Licht aber aus den Regenbogenfarben zusammengesetzt. Fällt es auf die unterschiedlich gefärbten Scheiben, wird eine bestimmte Farbe durchgelassen, die das Auge wahrnimmt, und der Rest wird absorbiert. Fällt beispielsweise Licht auf den gelben Wimpel, sehen wir ausschließlich den gelben Anteil der Regenbogenfarben. Die Scheiben funktionieren also wie ein Filter. Dem weißen Licht werden sozusagen Farben »entzogen«, deshalb der Begriff »subtraktive Farbmischung«.

Durch Übereinanderschieben der Scheiben entstehen unterschiedliche Farbeindrücke. Die Kombination aus Gelb und Blaugrün wird als Grün wahrgenommen. Die Überlagerung der Filter für Blaugrün und Purpur erzeugt Ultramarinblau, Purpur und Gelb ergeben zusammen Rot. Werden alle drei Filter hintereinander geschoben, absorbieren sie alle Farben des Regenbogens, und es entsteht die unbunte Farbe schwarz.

Diese Form der Farbmischung kann man auch mit Hilfe der Farben im Wasserfarbkasten oder in einer Druckerei beobachten: Setzt man mehrere kleine Punkte Blaugrün und Gelb nah beieinander, entsteht der Gesamteindruck Grün.

Auf diese Art und Weise lassen sich aus den drei Farben Blaugrün (Cyan), Purpur (Magenta) und Gelb sowie der unbunten Farbe Schwarz alle bunten Farben mischen. Dieser sogenannte Vierfarbdruck wird zum Beispiel für die Herstellung von Zeitschriften und Katalogen genutzt. Auch zu Hause finden sich diese Farbtöne in den Farbdruckern der PCs.

Das Gegenteil zur subtraktiven Farbmischung ist die additive Farbmischung, die zum Beispiel an der Station Farbmischer veranschaulicht wird. Dort entstehen die unterschiedlichen Farbtöne durch Überlagerung der einzelnen Grundfarben Rot, Grün und Blau.

Farbmischer

Ein Wasserfarbkasten bräuchte im Grunde nur drei Farben: Magenta (purpur), Cyan (blaugrün) und Gelb. Aus diesen Grundfarben können alle weiteren Farbtöne gemischt werden. Auch beim Licht sprechen wir von drei Grundfarben, die bei Überlagerung neue Farbtöne entstehen lassen: Rot, Grün und Blau. An dieser Station kannst du die Vermischung selbst ausprobieren.

Im menschlichen Auge befinden sich auf der Netzhaut ca. 60 Millionen Nervenzellen. Wenn Licht auf die Netzhaut fällt, senden diese Zellen elektrische Signale entsprechend der Stärke des Lichtreizes an das Gehirn. Dieses wertet die Signale aus und entwickelt daraus ein Bild. Dabei sind die Nervenzellen so angeordnet, dass immer eine von drei benachbarten Zellen ihre größte Lichtempfindlichkeit jeweils im blauen, grünen oder roten Bereich hat. Wenn nun zum Beispiel so eine Zellgruppe gleichmäßig mit rotem und grünem Licht bestrahlt wird, senden die rot- und die grünempfindliche Zelle jeweils einen gleichstarken Reiz an das Gehirn aus. Dort addieren sich die beiden Farbsignale zum Farbeindruck gelb. Man spricht daher auch von der additiven Farbmischung.

Bei unserem Farbmischer stehen die Farben Rot, Grün und Blau zur Auswahl. Je nachdem, welche Farbe eingestellt wird, werden die entsprechenden Zellen auf der Netzhaut gereizt. Wird eine weitere Farbe zugemischt, die sich mit der ersten überlagert, nehmen wir nun neue Farbtöne und Nuancen wahr. So kann man zum Beispiel auch beobachten, dass die Überlagerung aller drei Grundfarben die Farbe Weiß ergibt! Auch beim Regenbogen ergeben alle Farbtöne zusammen die Farbe Weiß.

Auch auf der Oberfläche eines Bildschirms werden bei starker Vergrößerung farbige Bildpunkte aus Rot, Grün und Blau sichtbar. Damit können beliebig viele Farben und auch Weiß dargestellt werden.

Schwarzlichtspiegel

Tritt der Besucher vor diesen Spiegel, sieht er einen Effekt, den er möglicherweise aus Discos kennt: Einige Oberflächen beginnen seltsam zu leuchten. Das trifft vor allem auf weiße Kleidungsstücke aus Baumwolle zu.

Die Leuchtstoffröhren, die an diesem Spiegel verwendet werden, strahlen sogenanntes Schwarzlicht aus. Das ist ein ultraviolettes, für den Menschen unsichtbares Licht, das in einem Wellenlängenbereich von 350 bis 370 Nanomentern (nm) liegt.

Das Spektrum der ultravioletten Strahlung reicht von 1 nm bis 380 nm und schließt sich an das für den Menschen sichtbare Licht und die Wärmestrahlung (Infrarot) an. Das ultraviolette Licht (abgekürzt UV-Licht) wird in fünf Gruppen eingeteilt: UV-A, UV-B, UV-C, Fernes UV und Extremes UV. In unserer Umgebung tritt am häufigsten UV-A-Strahlung auf.

Auch die Lampen am Schwarzlichtspiegel strahlen UV-A-Licht aus, welches einige Stoffe zum Leuchten anregen kann. Dieser Vorgang wird Fluoreszenz genannt. Im Gegensatz zu phosphoreszierenden Substanzen, wie sie bei der Station Gefrorene Schatten verwendet werden, leuchten fluoreszierende Stoffe nur unmittelbar während der Bestrahlung mit ultraviolettem Licht.

So leuchten bei Bestrahlung mit Schwarzlicht auch optische Aufheller in weißer Kleidung. Diese fluoreszierenden Substanzen sind heute in fast allen Waschmitteln vorhanden und sorgen dafür, dass die Wäsche auch nach häufigem Tragen noch weiß erscheint.

Außerdem wird Schwarzlicht heutzutage vor allem zum Sichtbarmachen von Sicherheitsmerkmalen benutzt, wie zum Beispiel bei Geldscheinen. Auch in ihnen sind fluoreszierende Stoffe eingearbeitet, die bei Bestrahlung mit ultraviolettem Licht zu leuchten beginnen. So kann man gefälschte Banknoten – die diese fluoreszierenden Stoffe meist nicht enthalten und auf Papier gedruckt wurden – leichter erkennen und aus dem Geldverkehr ziehen.

Leuchtende Kristalle

In einer Vitrine liegen sieben verschiedene Mineralien, die von einer UV-Lampe beleuchtet werden. Dadurch erstrahlen alle Mineralien in den verschiedensten Farben. Mit einer Taste kannst du die UV-Lampe ausschalten und gleichzeitig eine normale Leuchtstoffröhre einschalten. Und plötzlich hat man nur noch gewöhnliche, graue Steine vor sich liegen.

Das UV-Licht ist ein besonders energiereiches Licht, das mit dem bloßen Auge nicht zu sehen ist. Veranschaulicht wird es mit Photonen. Das sind nahezu masselose und ungeladene Teilchen. Treffen diese auf die Elektronen im Kristallgitter der Mineralien, verlassen die Elektronen ihren Grundzustand und gehen für einen sehr kurzen Zeitraum (wenige Nanosekunden) in einen angeregten Zustand über. Um in den Grundzustand zurückzukehren, durchlaufen die Elektronen einen Vorgang mit zwei verschiedenen Prozessen. Zunächst fangen sie an zu schwingen und geben einen Teil ihrer gewonnenen Energie in Form von Wärme ab. Sobald das Elektron ein bestimmtes Energieniveau erreicht hat, gibt es die Restenergie auf einmal ab. Es strahlt Licht in Form eines Photons aus, das jetzt nicht mehr UV-Licht ist, sondern in den Farben Grün, Rot oder Orange leuchtet. Das bedeutet, dass energiereicheres UV-Licht in energieärmeres, für den Menschen sichtbares Licht umgewandelt wurde.

Das ist auch der Grund dafür, dass das für den Menschen sichtbare Licht nicht ausreicht, um die Kristalle zum Leuchten anzuregen. Dieses fügt den Elektronen in den Kristallen nur so wenig Energie zu, dass es für einen Lichtblitz nicht ausreicht.

Der hier beschriebene Vorgang wird Fluoreszenz genannt und wurde zuerst beim Mineral Fluorit entdeckt. Heute werden fluoreszierende Substanzen häufig als optische Aufheller in Waschmitteln verwendet, damit weiße Wäsche noch weißer leuchtet.

Wärmebild

Mit dieser Kamera kann man »Fieber messen«! Warme Stellen eures Körpers leuchten auf dem Monitor gelb bis tief rot, die vergleichsweise kalten Brillengläser erkennt man an den blauen Farbflächen.

Das für den Menschen sichtbare Licht besteht aus elektromagnetischer Strahlung, die sich über einen Wellenlängenbereich von 380 bis 750 Nanometern (nm) erstreckt. Dieser Bereich stellt aber nur einen kleinen Ausschnitt der elektromagnetischen Strahlung dar. Das gesamte elektromagnetische Spektrum reicht von einigen wenigen Hertz bis zu 10^{25} Hertz. In Wellenlängen ausgedrückt, bedeutet das eine Reichweite von 10.000.000 Kilometern bis zu einem Hundertmillionstel Nanometer (10^{-8} nm).

Wärmestrahlung (Infrarot), die jeder Körper abstrahlt, ist ebenfalls elektromagnetische Strahlung. Sie schließt sich an den Bereich des sichtbaren Lichts an und wird vom menschlichen Auge nicht mehr wahrgenommen. Je nachdem wie hoch die Temperatur des Gegenstands ist, reicht sie von etwa 780 bis 100.000 nm. Um diese Wärmestrahlung sichtbar zu machen, bedient sich der Mensch sogenannter Infrarotkameras.

Sie gibt nicht, wie eine gewöhnliche Kamera, ihre optische Umgebung wieder, sondern sie misst die Temperaturen der Objekte vor ihrer Linse. Diese werden entsprechend ihrer Temperatur in verschiedenen Farben wiedergegeben. Die Infrarotkamera an dieser Station ist auf einen Abstand von zwei Metern scharf gestellt. Den einzelnen farbigen Flächen auf dem Monitor können mit Hilfe der Farbskala die jeweiligen Temperaturen zugeordnet werden.

Heutzutage werden Infrarotkameras benutzt, um sogenannte Wärmebrücken bei Gebäuden herauszufinden. Das sind Bereiche an Gebäuden, an denen Wärme aufgrund schlechter Dämmung verloren geht. Auch in der Tiermedizin werden Infrarotkameras zur Diagnose benutzt. Zum Beispiel können mit ihr Entzündungen in den Körpern der Tiere sichtbar gemacht werden. Es gibt übrigens einige Tierarten, wie die Schlange, deren Augen nur Wärmestrahlung wahrnehmen können. Das bietet ihnen einen Vorteil bei der Jagd, weil sie ihre Beute auch nachts sehen können.

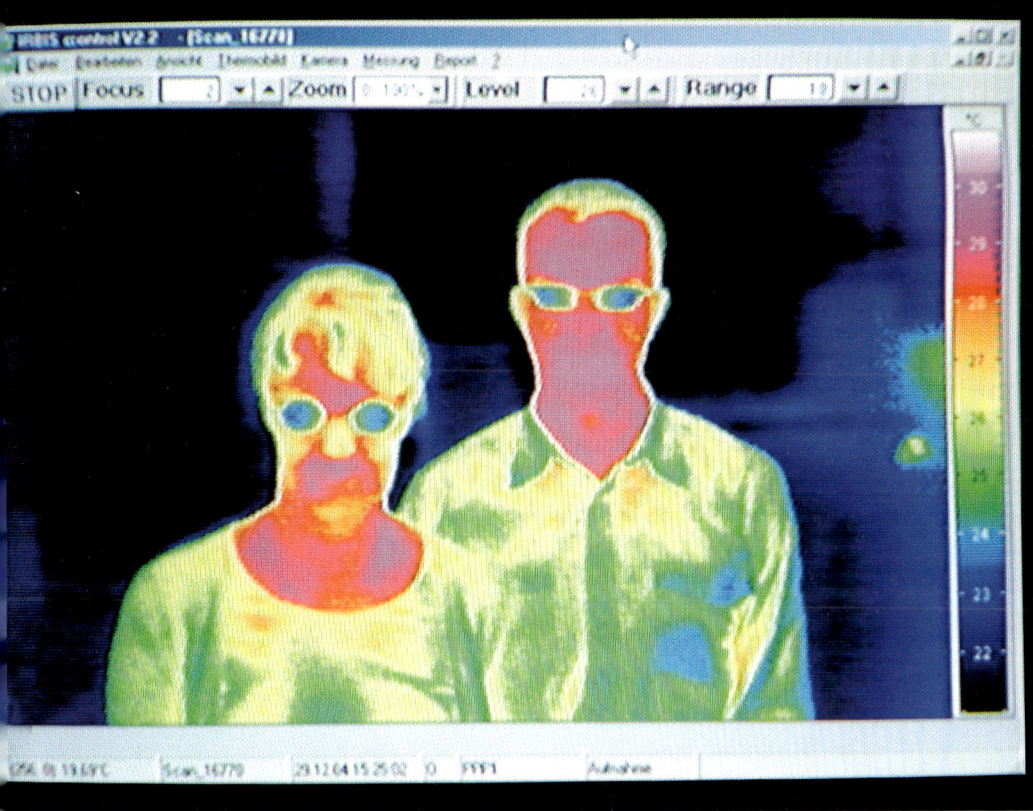

Absorption

Jeder, der im Sommer schon mal ein schwarzes T-Shirt getragen hat, weiß, dass man in diesem sehr viel schneller als in einem weißen T-Shirt ins Schwitzen gerät. Das ist keine Einbildung, sondern physikalisch erklärbar und kann an dieser Station überprüft werden.

Zwei Metallfolien werden von identischen Halogenscheinwerfern bestrahlt. Eine Folie besitzt eine helle, glänzende Oberfläche, die andere Folie ist schwarz angemalt – entsprechend repräsentieren sie im Experiment das weiße beziehungsweise das schwarze T-Shirt. Die Folien sind deshalb aus Metall, damit die an der Oberfläche entstehende Wärme gut an die rückseitig angebrachten Temperaturfühler weitergeleitet werden kann.

Wenn die Halogenlampen leuchten, strahlt der heiße Glühfaden zusätzlich zum sichtbaren Licht auch Wärme ab. Diese überträgt Energie von einem Ort zum anderen und heißt in der Physik auch Infrarotstrahlung, weil ihre Wellenlänge im Bereich vom Infrarot liegt. Die Temperaturfühler zeigen nach wenigen Sekunden unterschiedliche Werte, links nur einen Anstieg um 10 Grad und rechts hingegen um 40 Grad. Obwohl wir sie nicht sehen können, verhält sich die Wärmestrahlung oft genauso wie sichtbares Licht. Sie kann sich im Vakuum ausbreiten und an der Oberfläche von einem Material reflektiert oder absorbiert (das bedeutet aufgenommen) werden. Die Absorption ist eine physikalische Wechselwirkung, bei der die Strahlung ihre Energie an die Materie abgibt.

Alle Gegenstände strahlen ständig Wärme ab und nehmen gleichzeitig wieder Wärme auf. Nur meistens merken wir es nicht, weil erst mit steigender Temperatur auch die Wärmestrahlung deutlich zunimmt. Im Alltag spürt man die Absorption der Wärmestrahlung auf der Haut oder an der eigenen Kleidung nicht nur in der Sonne, sondern auch vor einem eingeschalteten Backofen oder dem Heizkörper. Aus dem gleichen Grund findet man auch auf Lampen einen Sicherheitshinweis für den Mindestabstand zur nächsten Oberfläche. Durch die Wärmestrahlung könnte sich sonst ein benachbartes Objekt so stark aufheizen, dass es von allein zu brennen anfängt.

Kopftauschfenster

Setzt euch in gleicher Augenhöhe gegenüber, eure Köpfe müssen genau zwischen den Lampen sein. Je nachdem, wie hell ihr nun die Lampen einstellt, seht ihr euer eigenes Spiegelbild, das Bild des Gegenübers oder eine Mischung aus beiden Gesichtern.

Durch normale Glasscheiben geht der größte Teil des einfallenden Lichts hindurch. Nur fünf Prozent werden reflektiert. Deshalb kann man durch ein Fenster hindurchgucken und alles sehen, was dahinter beleuchtet wird. Bei einem Spiegel ist das Umgekehrte der Fall. Er ist so gebaut, dass er den größten Teil des Lichts reflektiert. Deswegen sehen wir in Spiegeln nur das, was davor beleuchtet wird.

Bei der Station Kopftauschfenster ist die Scheibe eine Kombination aus Fensterscheibe und Spiegel. Sie reflektiert einen großen Teil des Lichts und lässt gleichzeitig einen ähnlich großen Anteil passieren. Bei gleich starker Beleuchtung sind somit sowohl das eigene Spiegelbild in der Scheibe als auch das Gesicht des Partners hinter der Scheibe zu sehen – beide Gesichter vermischen sich. Ein besonders beeindruckendes Ergebnis entsteht, wenn jeweils die entgegengesetzten Gesichtshälften der Partner beleuchtet werden!

Begehbares Kaleidoskop

An dieser Station wirst du selbst Teil eines Kaleidoskops. Dazu musst du nur unter den Stellwänden hindurchschlüpfen und du befindest dich plötzlich in einem unendlich großen, dreieckig gegliederten Raum – mit endlos vielen Bildern!

Im Inneren des Kaleidoskops befinden sich drei Spiegelwände. In jedem Spiegel entsteht ein Spiegelbild, wie man es von einem Wandspiegel gewohnt ist. Durch die besondere Ausrichtung der Spiegel in einem 60-Grad-Winkel zueinander entstehen Spiegelbilder aus verschiedenen Perspektiven, die sich durch Spiegelung in den anderen Spiegeln immer wiederholen. Das macht es einem möglich, sich gleichzeitig von vorne, von hinten und von der Seite zu betrachten. Außerdem hat man durch die nicht endende Wiederholung der Spiegelbilder den Eindruck, man stehe in einem unendlich großen, dreieckig gegliederten Raum.

Vielleicht kennst du Kaleidoskope, die aus einem kleinen Rohr bestehen, durch das man hindurchschauen kann. Die Gegenstände, die sich im Rohr befinden (z. B. Schnipsel oder Glasperlen) werden auf dieselbe Weise wie du selbst im begehbaren Kaleidoskop gespiegelt.

Raumspiegel

Wer in diese Spiegel hineinschaut, glaubt sich in einem unendlich tiefen Raum zu befinden!

In einem schmalen Raum stehen sich zwei hohe Spiegel gegenüber, die parallel zueinander angeordnet sind. Tritt eine Person zwischen diese beiden Spiegel, wird ihr Spiegelbild unendlich oft hin- und herreflektiert. Dabei entsteht zunächst das Bild des Spiegelbildes, dann das Bild des Bildes des Spiegelbildes, dann folgt das Bild des Bildes des Bildes des Spiegelbildes ... das geht immer so weiter, sodass man gar nicht sagen kann, wie viele Bilder überhaupt entstehen. Der Raum wirkt dadurch unendlich tief.

Dass die Personen in der Tiefe des Raums immer kleiner werden, liegt daran, dass Spiegelbilder durch die Reflexion von Licht entstehen. Weil dieses Licht, das zwischen den beiden Spiegeln hin- und herreflektiert wird, einen immer weiteren Weg zurücklegen muss, werden die Bilder von Spiegelung zu Spiegelung kleiner. Hinzu kommt, dass bei einer Reflexion das Licht die Glasschicht eines Spiegels zweimal durchlaufen muss, was zu einem Verlust der Lichtstärke führt. Das wiederum hat zur Folge, dass die Spiegelbilder mit jeder Reflexion dunkler werden. Dieser Effekt verstärkt die Wirkung des unendlich tiefen Raums noch mehr.

OPTIK

Hohlspiegel

Der Hohlspiegel ist, wie sein Name schon verrät, kein gewöhnlicher Spiegel: Stehst du weit von ihm entfernt, ist dein Spiegelbild klein und auf dem Kopf stehend. Trittst du aber nah vor den Spiegel, ist dein Spiegelbild plötzlich viel größer – und aufrecht stehend!

Die Oberfläche des Hohlspiegels ist nach innen gewölbt. Lichtstrahlen, die schräg zu seiner Mittelachse einfallen, werden, wie bei einem ebenen Spiegel, gemäß dem Einfallswinkel reflektiert. Obwohl das auch bei parallel zur Mittelachse eintreffenden Strahlen der Fall ist, bilden sie dennoch einen Spezialfall. Denn in welchem Winkel sie zurückgeworfen werden, hängt von ihrem Abstand zur Mittelachse ab: Je weiter die Strahlen von ihr entfernt sind, desto größer ist der Reflexionswinkel und umgekehrt. Durch diese unterschiedlichen Ablenkungen wird es möglich, dass sich alle reflektierten Strahlen in einem Punkt, dem sogenannten Brennpunkt, schneiden. Bei unserem Hohlspiegel liegt dieser Brennpunkt etwa 180 cm vom Spiegel entfernt.

Befindet sich der gespiegelte Gegenstand vor dem Brennpunkt, werden die Strahlen so gespiegelt, dass sie sich alle an einem Ort vor dem Spiegel treffen. Dort entsteht ein kleines auf dem Kopf stehendes Bild, das man auch reelles Bild nennt, weil man es auf einem Projektionsschirm abbilden kann. Ist das Objekt zwischen Brennpunkt und Spiegel positioniert, entsteht hinter der Spiegelebene ein vergrößertes, aufrecht stehendes Bild. Man erhält es durch rückwärtige Verlängerung der reflektierten Lichtstrahlen und spricht in diesem Fall von einem virtuellen Bild, weil man es nicht mit einem Schirm auffangen kann. Befindet sich der Gegenstand genau im Brennpunkt, werden die Strahlen so zurückgeworfen, dass sie sich weder vor dem Spiegel, noch hinter ihm in einem Punkt schneiden. Steht man also genau an dieser Stelle, sieht man sich im Hohlspiegel nur als ein verschwommenes Bild!

Das gleiche Phänomen tritt auch bei Lupen auf, mit dem Unterschied, dass hier die Lichtstrahlen nicht reflektiert, sondern gebrochen werden. Trotzdem erhält man auch bei der Lupe ein verkleinertes, kopfstehendes Bild, wenn man mit ihr in die Ferne schaut und ein vergrößertes, aufrecht stehendes Bild, sobald man näher gelegene Objekte betrachtet.

Und dem berühmten Suppenkaspar, der seine Suppe partout nicht essen wollte, ist möglicherweise sein Forscherdrang zum Verhängnis geworden. Denn auch an einem sauberen, gut polierten Suppenlöffel kann man prima die Eigenschaften von Hohlspiegeln studieren. Ist nun das Spiegelbild aufrecht oder steht es auf dem Kopf? Oder etwa beides?

OPTIK

Kugelspiegel

Im Kugelspiegel entstehen stark verzerrte Spiegelbilder. Vor allem am äußeren Rand wird das Spiegelbild deutlich gestaucht, während es in der Mitte nahezu unverzerrt erscheint. Außerdem kann man in einem Kugelspiegel wesentlich mehr von seiner Umgebung wahrnehmen als in einem ebenen Spiegel.

Wenn es tagsüber hell ist oder abends die Lampe im Zimmer brennt, reflektiert der menschliche Körper Licht in alle möglichen Richtungen. Trifft dieses Licht auf einen ebenen Spiegel, wird es zum Menschen zurückreflektiert und erzeugt bei ihm den Eindruck, er sehe sein eigenes Spiegelbild hinter der Spiegeloberfläche. Dieses steht aufrecht und ist seitenverkehrt, aber nicht höhenverkehrt.

Anders ist das bei einem Kugelspiegel. Durch seine gekrümmte Oberfläche werden die Lichtstrahlen am Rand des Spiegels unter einem größeren Winkel reflektiert als die in der Mitte des Bildes. Letztere treffen senkrecht auf die Oberfläche des Spiegels und werden deshalb auch wieder senkrecht reflektiert. Je weiter man nach außen blickt, desto größer wird der Einfallswinkel der Lichtstrahlen, die in unser Auge treffen. Dadurch erreichen selbst noch Lichtstrahlen unser Auge, die links und rechts von hinten auf die Oberfläche des Kugelspiegels treffen. Das Spiegelbild gibt deshalb einen viel größeren Teil unserer Umgebung wieder als ein ebener Spiegel. Allerdings erscheint das Spiegelbild dabei nach außen hin ungewöhnlich verzerrt.

Häufig findet man solche gekrümmten Spiegel in Geschäften. Dort hängen sie oben unter der Decke und ermöglichen den Blick über einen Großteil der Verkaufsfläche.

Zylinderkabine

Außen ist man schlank und rank, innen aber ... »Oh Schreck, lass nach!« Mit einem Zylinderspiegel entstehen stark verzerrte Spiegelbilder. Je nachdem wie weit man von ihm entfernt steht, ist das Spiegelbild ganz dünn oder füllt den gesamten Spiegel aus.

Für die Entstehung der unterschiedlichen Spiegelbilder ist die besondere Form dieses Spiegels verantwortlich. Er ist wie ein zylindrischer Körper nur in eine Richtung gekrümmt, und deswegen sind die durch ihn entstehenden Spiegelbilder auch nur in einer Richtung verzerrt. So bleiben bei unserem Spiegel alle senkrechten Linien des Spiegelbilds unverändert. Anders ist das bei der Breite. Weil sich die Innenseite des Zylinderspiegels ähnlich wie ein Hohlspiegel verhält, erreichen nur wenige Lichtstrahlen aus der Mitte des Spiegels das Auge des Betrachters, wenn man weit vom Spiegel entfernt steht. Infolgedessen sieht unser Spiegelbild extrem schmal aus.

Je näher man aber an die Spiegeloberfläche herantritt, desto größer wird die Zahl der Lichtstrahlen und das Spiegelbild wächst immer weiter in die Breite. Am Rand der Spiegeloberfläche sieht man die Strahlen, die von weit außen auf den Spiegel treffen und unter einem sehr großen Winkel reflektiert werden. Hebt man einen Arm, dann fällt auf, dass sich das Spiegelbild anders als bei einem ebenen Spiegel verhält. Links und rechts sind vertauscht.

Geht man nun in das Innere des gekrümmten Spiegels, dann verschwimmt zunächst das Spiegelbild. Wenn man schließlich komplett in der Zylinderkabine steht, füllt das Bild den ganzen Spiegel aus. Das eigene Gesicht ist stark vergrößert und am Rand verzerrt, aber nicht mehr seitenverkehrt.

Die Spiegelfläche auf der Rückseite der Kabine ist ein sogenannter Zerrspiegel. Die Spiegeloberfläche ist hier genau andersherum gekrümmt als auf der Innenseite des Spiegels. Durch die Wölbung wird der sichtbare Bereich im Spiegel sehr stark verbreitert. Das bedeutet aber, dass man immer schmal aussieht, egal aus welcher Entfernung man sich betrachtet.

Heutzutage werden Zylinderlinsen benutzt, die ähnlich dem Zylinderspiegel geformt sind, um im Kino Breitwandfilme wiederzugeben. Letztere haben ein Seitenverhältnis von 16:9. Die Filme werden jedoch auf Filmstreifen mit Bildern in einem Verhältnis von 4:3 aufgezeichnet. Damit keine Verluste durch die schwarzen Balken entstehen, müssen die Filme bei der Wiedergabe optisch wieder auf ein Seitenverhältnis von 16:9 gestreckt werden. Das erreicht man mit einer Zylinderlinse.

OPTIK

Zerrspiegel

Ein Hals wie eine Giraffe oder Beine wie ein Flamingo? In diesem Spiegel siehst du vollständig verzerrt aus. Während Füße, Bauch und Kopf stark verkleinert erscheinen, werden andere Körperteile unnatürlich in die Länge gezogen.

Der Zerrspiegel besteht aus einer Spiegeloberfläche, die von oben nach unten in fortlaufenden Wellen geformt ist. Dadurch entsteht ein mehrmaliger Wechsel von nach innen und nach außen gewölbten Zylinderspiegeln. Im Gegensatz zu einem kugelförmigen Hohl- oder Wölbspiegel sind diese immer nur in eine Richtung gekrümmt. Dadurch wird auch das Spiegelbild nur in eine Richtung verzerrt. An Stellen, an denen sich der Spiegel nach außen wölbt, erscheint das Bild in der Senkrechten gestaucht. Ist der Spiegel hingegen nach innen gekrümmt, erscheint das Spiegelbild gestreckt. Aus der Mischung dieser beiden Bereiche entsteht das stark verzerrte Spiegelbild, das ihr seht, wenn ihr nicht zu weit vom Spiegel entfernt steht.

Spiegelzylinder

Diese Station stellt euch auf die Probe: Wie müsst ihr schreiben, damit es im zylindrisch geformten Spiegel richtig zu lesen ist: von rechts nach links? Auf dem Kopf stehend?

Spiegelbilder entstehen durch die Reflexion von Lichtstrahlen an der Spiegeloberfläche. Die Punkte, von denen der Lichtstrahl ausgeht, nennt man Gegenstandspunkte, die entsprechenden Punkte des Spiegelbildes heißen Bildpunkte. Beide haben den gleichen Abstand zur Spiegeloberfläche, nur dass sie auf der entgegengesetzten Seite liegen. Wenn man nun in den Sand vor dem Spiegelzylinder ein »A« malt, so befindet sich die Spitze dieses Buchstabens näher am Spiegel als seine Füße. Im Spiegelbild ist das genau der gleiche Fall. Es entsteht also ein kopfstehendes Spiegelbild. Links und rechts werden dabei nicht vertauscht, auch wenn das oft fälschlicherweise angenommen wird. Das bedeutet für den Schriftzug im Sand, dass man ihn auf dem Kopf stehend zeichnen muss, damit er im Spiegel richtig herum erscheint.

Die zweite Eigenschaft des Zylinderspiegels ist die verzerrende Abbildung des Schriftzugs im Sand. Ein gerades Wort erscheint im Spiegel entsprechend der Zylinderoberfläche gebogen. Das heißt im Umkehrschluss, dass das Wort kreisförmig um den Zylinder herum geschrieben werden muss, damit es gerade im Spiegel erscheint. Sobald ihr also spiegelverkehrt und im Bogen um die Säule herumschreibt, lässt sich das Wort problemlos lesen!

Spiegelzeichner

Die Aufgabe sieht eigentlich ganz einfach aus: Du sollst einen bereits vorgezeichneten Stern nachmalen. Allerdings darfst du dabei nur über einen Spiegel auf die Vorlage schauen. Manche Besucher geraten mit dieser Aufgabe ganz schön »ins Schleudern«.

In einer nur oben und vorne geöffneten Box liegt ein Blatt Papier, auf dem ein fünfeckiger Stern abgebildet ist. Durch die vordere Öffnung kann man in diesen Spiegelzeichner hineinfassen, um mit dem Stift die Konturen des dort ausgelegten Sterns nachzumalen. Die einzige Möglichkeit, seine Handbewegungen zu kontrollieren, bietet ein schräg stehender Spiegel, der in der Box eingelassen ist.

Das ist insofern unproblematisch, als dass ein Spiegel rechts und links nicht vertauscht, wie fälschlicherweise häufig angenommen wird. Wenn es aber daran geht, eine Linie zu zeichnen, die von oben nach unten verläuft, wird es komplizierter. Denn in diesem Spiegelzeichner verlaufen die senkrechten Linien im Spiegelbild tatsächlich anders herum. Möchte man also eine Linie zeichnen, die auf dem gespiegelten Blatt von oben nach unten verläuft, muss man eine entgegengesetzte Handbewegung durchführen. Das heißt, der Stift muss von unten nach oben gezogen werden.

Die wahre Schwierigkeit liegt also in der Koordination von Auge und Hand. Sie verläuft entgegen der Gewohnheit, weil man Sehen und Handeln über einen Spiegel abstimmen muss.

Spiegelturm

Dieser harmlos aussehende Turm steckt voller Überraschungen. Je nachdem aus welcher Richtung man in ihn hineinschaut, sieht man entweder – wie erwartet – sich selbst oder aber ein Spiegelbild von sich, bei dem links und rechts vertauscht sind. Und in einem dritten Fall schaut man nicht auf sein eigenes Spiegelbild, sondern auf das eines anderen Besuchers.

Im ersten Fall guckt man auf einen ebenen Spiegel. Es entsteht ein aufrechtes, gewöhnliches Spiegelbild. Im zweiten Fall, bei dem ein seitenverkehrtes Spiegelbild gezeigt wird, befindet sich hinter der Glasscheibe ein sogenannter Winkelspiegel. Er besteht aus zwei Spiegelflächen, die einen 90-Grad-Winkel einschließen. Fällt ein Lichtstrahl auf den linken Spiegel, wird er gemäß dem Gesetz »Einfallswinkel gleich Ausfallswinkel« reflektiert und erreicht den rechten Spiegel. Dieser lenkt den Strahl auf gleiche Weise ab. Der Strahl verlässt damit den rechten Spiegel parallel zur ursprünglichen Einfallsrichtung, allerdings um 180 Grad gedreht. Links und rechts wurden also tatsächlich vertauscht und man sieht sich so, wie andere Personen einen selbst sehen.

Auch Schrift, die in diesem Spiegel gespiegelt wird, ist ganz normal lesbar.

Außerdem kann man sich in diesem Winkelspiegel beim Vorbeigehen wesentlich länger als in einem ebenen Spiegel beobachten. Der Bereich, für den das gilt, beginnt, sobald man auf beide Spiegelflächen gleichzeitig schauen kann, und endet, wenn einer der Spiegel aus dem Blickfeld rutscht. Bei einem ebenen Spiegel hingegen kann man sich nur dann selbst sehen, wenn man direkt vor ihm steht.

Der dritte und letzte Spiegel liegt hinter zwei über Eck angebrachten Glasscheiben und verläuft entlang der Diagonalen des Turms. Egal aus welcher Richtung man durch die erste Glasscheibe schaut, der Spiegel lenkt den Blick immer auf das Geschehen vor dem zweiten Fenster. Mit Hilfe dieses Spiegels schaut man also um die Ecke in eine andere Raumrichtung – und unter Umständen auf einen anderen, ebenso überraschten Besucher.

Spiegelflieger

Ein junger Mann bereitet sich zum Abheben vor:
Er breitet die Arme aus, hebt beide Beine an und – fliegt!
Dass ein Spiegeltrick hinter diesem Phänomen steckt,
ist offensichtlich, doch wie funktioniert er?

Wie man bereits im Kindesalter lernt, liefert ein ebener Spiegel ein gleich großes, seitenrichtiges und aufrechtes Bild von Personen oder Gegenständen, die sich vor dem Spiegel befinden. Stellt man sich aber nicht wie gewohnt mitten vor den Spiegel, sondern seitlich an den Rand, und zwar so, dass dieser den Körper zur Hälfte verdeckt, entsteht ein Spiegelbild des halben Körpers.

In einem zweiten Spiegel, der im 90-Grad-Winkel zum ersten steht, kann man seine eigene Gestalt scheinbar komplett sehen – in Wahrheit jedoch ist sie zusammengesetzt aus zwei unterschiedlichen Spiegelungen derselben unverdeckten Körperhälfte. Diese wird nämlich einmal direkt im Spiegel gegenüber gespiegelt und einmal erst im Spiegel, vor dem man mit halbem Körper steht und dann im Spiegel gegenüber. Weil der Mensch daran gewöhnt ist, dass ein Körper aus zwei Armen und zwei Beinen besteht, sieht der zusammengesetzte Körper insofern nicht weiter ungewöhnlich aus. Seltsam für den Betrachter wirkt nur, dass man scheinbar den Boden unter den Füßen verliert, sobald man das vom Spiegel unverdeckte Bein anhebt.

Pferdeschwanz

Selbst der Malermeister, der das Brett in zwei verschiedenen Grautönen gestrichen hat, konnte es kaum glauben: Mit dem »Pferdeschwanz« dazwischen verschwindet der farbliche Unterschied ...

Betrachtet man eine weiße Wand, nimmt der Mensch normalerweise geringe Unregelmäßigkeiten durch Beleuchtung oder gräuliche Flecken nicht wahr. Stattdessen fügt das Gehirn diese Unterschiede zu einer einheitlichen Farbe zusammen. Vergleichbares passiert mit Hilfe des »Pferdeschwanzes«: Verdeckt das Tau die deutlich sichtbare Grenze zwischen den beiden verschiedenen Grautönen, mischt das Gehirn sie zu einem scheinbar einheitlichen Grau. Den Kontrast erkennt man erst wieder beim Anheben des Seils.

Die vorherige Vereinheitlichung der Grautöne im Gehirn wird nun durch eine Funktion der Augennetzhaut verhindert, die man laterale Hemmung nennt. Sie sorgt dafür, dass Nachbarbereiche optisch angeregter Zellen weniger empfindlich auf Lichtreize reagieren. Andersherum reagieren Zellen neben schwächer ausgeleuchteten Netzhautregionen intensiver auf optische Reize. Dadurch wird der Kontrast zwischen dem helleren und dem dunkleren Grauton verstärkt und der Unterschied zwischen den beiden Farben noch deutlicher.

Mitdrehender Kopf

Bei manchen Gemälden hat man den Eindruck, die Augen der dargestellten Personen würden einen verfolgen. Beim Mitdrehenden Kopf scheint sich sogar das ganze Gesicht in Richtung des Betrachters zu wenden.

Auch unser Gehirn unterliegt der Macht der Gewohnheit. Weil wir seit unserer Kindheit mit dem Aussehen von Gesichtern vertraut sind, erscheint uns hier der in Wahrheit nach innen gewölbte Kopf aus größerer Entfernung aus betrachtet wie ein normales Gesichtsrelief. Je nachdem aus welcher Richtung wir die Plastik betrachten, ist ein Teil des Gesichts verdeckt. Das Gehirn missdeutet diese Tatsache und interpretiert das als Mitdrehen des Kopfes.

Bei anderen Hohlformen, die uns nicht so sehr vertraut sind, tritt dieser Effekt nicht so stark in den Vordergrund. Beim Mitdrehenden Kopf würde es schon ausreichen, ihn auf den Kopf zu stellen. Durch diesen ungewöhnlichen Eindruck aufmerksam geworden, wird das menschliche Gehirn eher die Innenwölbung des Gesichts erkennen.

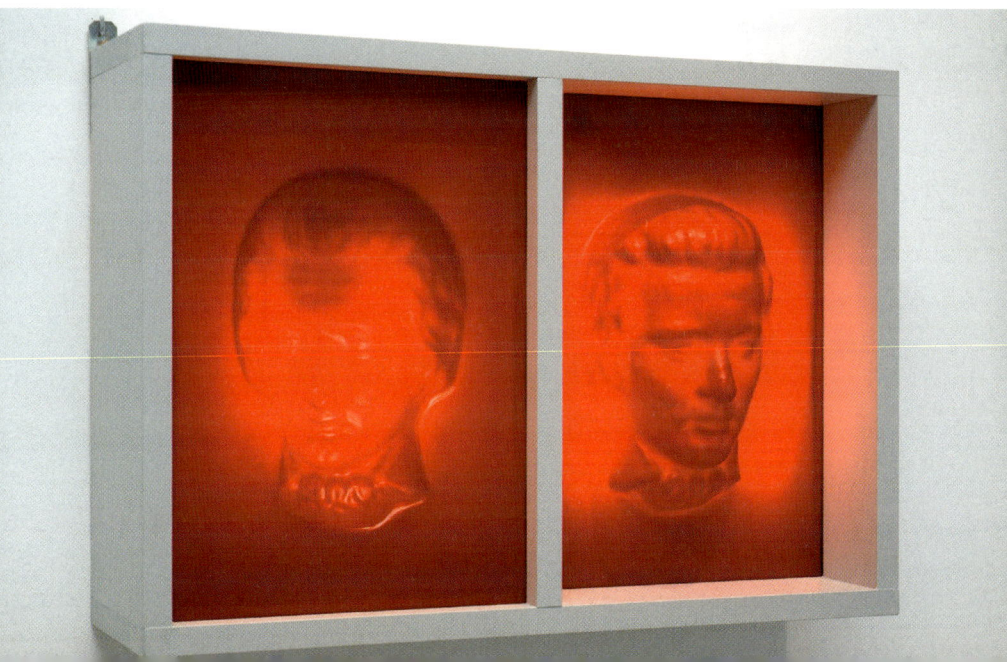

Karyatiden

Vier würdige Herren in langen weißen Gewändern, die sich angeregt unterhalten? Oder doch fünf schwarze Säulen? Beide Bilder scheinen sich im Sekundentakt abzuwechseln.

Über unser Auge nehmen wir optische Reize auf. Sie gelangen über die Nervenbahnen ins Gehirn und werden dort ausgewertet. Damit diese Auswertung schnell geht – schließlich müssen wir uns möglichst zügig in unserer Umgebung zurechtfinden können –, stützt sich das Gehirn auf feste Muster und greift auf seine Erfahrungen zurück, die es während der bisherigen Datenverarbeitung gesammelt hat. Zunächst muss das Bild in seine einzelnen Bestandteile gegliedert werden. Hier sind Vordergrund und Hintergrund sehr wichtig, wobei bevorzugt Gesichter und Menschen erkannt werden.

Auch das Gesetz der Nähe spielt eine Rolle. Es besagt, dass Objekte eher als Gruppe identifiziert werden, je näher sie aneinander rücken. Die Nähe der Säulen zueinander verstärkt also zusätzlich die Wahrnehmung der sich unterhaltenden Personen.

Der Tiefeneindruck der Säulen erschwert jedoch die Wahrnehmung der Menschen zwischen den Pfeilern. Die Säulen werden schneller erkannt. Hält man aber ein Auge zu, geht der Tiefeneindruck, den der Mensch durch die Betrachtung mit seinen zwei Augen erhält, verloren. Die sich unterhaltenden Personen treten wieder in den Vordergrund.

Bei unseren Karyatiden handelt es sich um die dreidimensionale Variation eines klassischen psychologischen Experiments, bei dem man entweder einen Kelch oder zwei einander zugewandte Gesichter erkennen kann. Doch hier sind es vier Herren in langen Gewändern und nicht nur ein Gesicht.

Ames'scher Raum

Der Ames'sche Raum ist eine wahrhaft »windschiefe Hütte«: Alle Wände, Fenster und Türen, ja selbst der Fußboden sind krumm und schief. Doch wenn ihr durch ein kleines Loch mit nur einem Auge in diesen Raum hineinschaut, seht ihr ihn gerade und rechtwinklig. Traut ihr euren Augen, wenn Personen in dem Raum plötzlich zu Riesen und Zwergen werden?

Damit der Mensch räumlich sehen kann, muss er beide Augen benutzen. Schaut er nur mit einem Auge, fällt es ihm schwer, Entfernungen und Abstände richtig einzuschätzen. So kann es passieren, dass Eltern im Ames'schen Raum kleiner als ihre Kinder erscheinen. Der Grund für diese Täuschung liegt in der Konstruktion dieses ganz besonderen Raums verborgen. Der Boden ist hier nicht wie gewohnt eben, sondern verläuft schräg. Die hintere Wand steht so, dass die Winkel in den Raumecken an keiner Seite rechtwinklig sind. Steht ein Elternteil im Bereich mit größerer Deckenhöhe und das Kind im niedrigeren Teil, so erscheint das Kind in Relation zur Raumhöhe und aufgrund der kürzeren Entfernung zum Betrachter größer.

Dass der Raum durch das Loch betrachtet nicht windschief, sondern gerade und rechtwinklig wirkt, liegt auch daran, dass das Gehirn nur Vergleiche zwischen Größen anstellen kann und kein absolutes Maß besitzt. Die optische Täuschung wird noch durch die zwei Fenster an der hinteren Wand verstärkt. Denn an diesen orientiert sich das Gehirn beim Auswerten der Daten, und wird, wie gewohnt, entscheiden, dass es hier einen ganz normalen Raum betrachtet.

Der Name des Ames'schen Raums geht auf einen amerikanischen Architekten zurück, der als erster im Jahre 1946 verzerrte Räume baute und dabei feststellte, dass sie bei der Betrachtung mit nur einem Auge ganz normal aussahen.

Rotationsbilder

Beim Betrachten der rotierenden Bilder »Pulsation«, »Relief« und »Spirale« entstehen Illusionen, die sich nach längerem Betrachten der Scheiben auch auf ihre Umgebung übertragen.

Ist die Scheibe »Pulsation« erst mal in Bewegung versetzt, entsteht der Eindruck, die geraden Teile der Linien würden sich nach innen biegen. Es scheint, als ob Wellen den schwarzen Mittelpunkt umkreisen. Bei Drehung der Scheibe »Relief« hat man das Gefühl, man habe einen drehenden Kegel vor sich, in dessen Mittelpunkt ein weiterer Kegel eingelassen ist. Durch die »Spirale« gewinnt man bei Rotation im Uhrzeigersinn den Eindruck, die Linien würden sich weiten. Während man bei der Gegenrichtung das Gefühl hat, die Linien zögen sich im Mittelpunkt zusammen.

Betrachtet man die rotierenden Bilder länger als eine halbe Minute, kann es passieren, dass die Illusionen auf die Umgebung übergehen. So erweckt die »Spirale« den Eindruck, dass sich der ganze Raum zusammenzieht oder aus-

dehnt. Maßgeblich für diese Sinnestäuschung, die im Sehzentrum des Gehirns entsteht, sind unterschiedliche Detektoren für eine Links- bzw. Rechtsdrehung. Diese sind auch dann aktiv, wenn sich gar nichts dreht. Betrachtet man zum Beispiel eine ruhende Scheibe, neutralisieren sich die gleich starken Signale der Linksdreh- und Rechtsdrehdetektoren gegenseitig, und wir erhalten – ganz zu Recht – den Eindruck, dass sich das Bild auf der Scheibe nicht bewegt.

Betrachtet man ein drehendes Bild länger als eine halbe Minute, ermüden die entsprechenden Drehdetektoren. Schaut man dann auf die ruhende Umgebung, können die erschöpften Detektoren die neuen Signale nicht sofort ausgleichen und es entsteht der Eindruck, dass sich die eigentlich ruhige Umgebung in umgekehrter Richtung dreht.

Trickbild

Wer an dieser Station das Vorderrad des Fahrrads schnell genug dreht, kann auf einmal zwischen den Speichen ein Bild sehen.

Bei diesem Experiment wird die Trägheit des menschlichen Auges ausgenutzt: Eine angeregte Sehzelle benötigt eine bestimmte Zeit, um ein Signal zu verarbeiten. Trifft während dieser kurzen Zeit ein weiteres Signal auf die Netzhaut, verschmilzt dieses mit dem vorhergehenden zu einem Sehreiz.

Unser Trickbild, bei dem ein Diaprojektor ein Bild auf die Speichen des Vorderrads wirft, zeigt diese Trägheit des Auges sehr anschaulich. Steht das Rad still, wird ein Teil des Projektorlichts durch die weiß angestrichenen Speichen in Richtung Auge zurückgeworfen. Weil die einzelnen Speichen aber sehr dünn und ihre Abstände sehr groß sind, reichen sie nicht aus, um das gesamte Diabild zu zeigen. Stattdessen sieht man nur, dass die Speichen von der Seite beleuchtet werden.

Wird das Rad nun langsam in Bewegung gesetzt, laufen die Speichen immer wieder komplett durch den ausgeleuchteten Bereich. Dreht sich das Rad schließlich so schnell, dass jede Stelle des Bildes in einer Sekunde zwanzigmal von einer Speiche überstrichen wird, treffen schon neue Lichtreize auf die Netzhaut, während alte noch verarbeitet werden. Es entsteht eine Bildfolge, die der Mensch als ein annähernd ruhendes Bild wahrnimmt.

Dasselbe Prinzip wird bei Film und Fernsehen benutzt. Hier werden 24 Bilder pro Sekunde wiedergegeben, wodurch im Gehirn ein fließender Film entsteht.

OPTIK

Moiré-Bilder

Betrachtet man die Moiré-Bilder aus einiger Entfernung und schiebt ein Partner die vordere Scheibe in eine Richtung, geraten die Bilder plötzlich in Bewegung.

Die Moiré-Bilder bestehen aus zwei Scheiben, die beide so bedruckt sind, dass sie sich zusammen zu einem Muster ergänzen. Die hintere Acrylglasplatte ist milchig und die vordere transparent. Durch das Bewegen des vorderen Fensters entstehen unterschiedliche Arten der Überdeckungen, die von schwarz über dunkel bis hell reichen. Bewegt man die Scheiben langsam genug, nimmt das Auge diese Unterschiede wahr. Nun sind die Muster auf der hinteren Scheibe so konstruiert, dass beim Schieben der vorderen Fenster der Eindruck entsteht, die hellen Flächen würden im Bild kreisen. Tatsächlich bewegen sich die Teilflächen nicht. Stattdessen ändert sich die Helligkeit der Flächen zeitlich so, dass sie kreisförmig zu pulsieren scheinen.

Solche Muster, die durch Überblendung zweier Strichmuster entstehen, nennt man Moiré-Interferenzen. Sie kommen auch manchmal in feinen Gardinenstoffen vor. Lange galten sie auch als Qualitätsmerkmal für Seidenstoffe. In der Medizin braucht man die Moiré-Interferenzen zur Diagnose der Körperhaltung oder zur Analyse der Fußform. Dazu werden auf die entsprechenden Körperteile Strichmuster projiziert, die dann abfotografiert werden. Anschließend kann man durch Auflegen eines Referenzmusters Störungen der Körpersymmetrie erkennen.

Kappa-Täuschung

Unsere Sinne können uns täuschen! Auf diesen Tafeln erscheinen eigentlich parallele Muster plötzlich wellenförmig, und gerade Linien sehen bei Betrachtung aus weiter Entfernung völlig schief aus.

Grund für diese optischen Täuschungen ist eine Fehlinterpretation der Informationen, die das Auge an unser Gehirn weitergibt.

An der linken Wand findet man ein Schachbrett, in dessen schwarze Felder kleine, weiße Quadrate eingelassen sind. Hier nimmt der Betrachter eine seltsame Wellenform der eigentlich geraden Linien wahr und das Feld erscheint nach außen gewölbt. Dieser Effekt wird aller Wahrscheinlichkeit nach durch die unterschiedliche Anzahl und Positionierung der kleinen, weißen Quadrate verursacht.

Die Kacheln an der rechten Wand sind wie in einem Schachbrett angeordnet, nur jeweils um eine halbe Kantenlänge versetzt. Beim Betrachten dieser Wand erscheinen die parallelen Reihen plötzlich keilförmig. Wahrscheinlich wird dieser Effekt durch die falsche Zuordnung der Trennlinien zwischen den Kacheln erzeugt. Bei den weißen Feldern kann man die schwarze Linie gut von der weißen Fläche unterscheiden. Anders ist das bei den schwarzen Kacheln. Hier kann das Auge zwischen Fläche und Trennlinie keinen Unterschied erkennen. Das Gehirn zählt Linie und Kachel zu ein und derselben Fläche, wodurch die schwarzen Felder breiter erscheinen als die weißen. Die Reihe bekommt eine Keilform.

Jedoch ist bis heute nicht vollständig geklärt, wie die Illusionen bei den Kappa-Täuschungen entstehen.

Akustik –
Physik rund um das Ohr

Akustik ist die Physik rund um das Ohr und die Lehre vom Schall. Wie wir Geräusche, Klänge oder einen lauten Knall wahrnehmen, wie sie entstehen, unter welchen Bedingungen sie bis zu unserem Ohr gelangen und wie viel Zeit sie dazu benötigen, sind grundlegende Fragen, mit denen sich die Akustik beschäftigt. Über Erkenntnisse aus diesen Fragen lassen sich auch Faustregeln, z. B. zur Entfernungsbestimmung eines Gewitters, ableiten.

Die Akustik thematisiert auch die Entstehung der verschiedenen Töne an musikalischen Instrumenten und worin sie sich unterscheiden. In diesem Zusammenhang spielt das Konzept des Schalls als mechanische Schwingung eine ganz entscheidende Rolle. Dabei lässt sich über die Länge einer vollständigen Welle, d. h. von Wellenberg zu Wellenberg, die Tonart bestimmen und über die Höhe eines einzelnen Wellenberges die Lautstärke des Tones. In dieser Weise funktioniert ein Lautsprecher als künstlicher Verstärker einer Melodie, der die Lautstärke zur besseren Hörbarkeit erhöht.

In der PHÄNOMENTA gibt es viele Experimente zum Thema Akustik. Dabei wird deutlich, dass der Schall nicht von selbst zu unserem Ohr gelangt, sondern jemanden braucht, der ihn von A nach B transportiert. Aber nicht nur das Transportmittel selbst, sondern auch die Strukturen der umgebenden Materialien beeinflussen die Schallausbreitung bis hin zur völligen Auslöschung. Zudem spielen Form und Größe des Raums, in dem sich der Schall ausbreitet, eine entscheidende Rolle. So erscheint uns selbst die eigene Stimme in entsprechend kleinen Räumen seltsam fremd. Interessant ist auch die Erkenntnis, dass der Schall eine endliche Geschwindigkeit besitzt. Auf dieser Eigenschaft ist auch ein Teil des menschlichen Orientierungssinnes aufgebaut, mit dessen Hilfe wir entscheiden können, aus welcher Richtung ein Geräusch kommt.

Dass Schall eine mechanische Welle ist, kann man anhand der Bewegung kleinster Sägemehlteilchen erkennen. Wie die Erzeugung eines Tons mechanisch oder elektronisch erfolgen kann, ist an der Lochsirene und an dem Thereminvox zu beobachten. Interessant ist vor allem bei Letzterem, dass es ursprünglich als Bewegungsmelder für eine Alarmanlage gedacht war. Schließlich kann Gesprochenes an einer Vorwärts-Rückwärts-Maschine in eine noch nie zuvor gehörte Sprache übertragen werden, die selbst den einen oder anderen Übersetzer stutzen lassen dürfte.

Glocke im Vakuum

Wenn Kirchenglocken läuten, ist das in der ganzen Stadt zu hören. Denn die von der Glocke erzeugten Schallwellen breiten sich durch die Luft aus. Was passiert aber, wenn man die Luft entfernt, also ein Vakuum erzeugt?

Alle Geräusche, die wir wahrnehmen, müssen erst über die Luft an das Ohr transportiert werden. Drückt man an der Station nur den Knopf für die Aktivierung der Glocke, ist das Klingeln aus dem Acrylzylinder klar und deutlich zu hören. Betätigt man jetzt auch noch den anderen Knopf, beginnt eine Pumpe die Luft aus dem geschlossenen Behälter zu ziehen. Dadurch nimmt die Dichte der Luft langsam ab. Die Schwingungen der Luft übertragen sich immer schlechter, da der Kontakt zwischen den Teilchen der Luft immer schwächer wird. Dadurch wird der Ton immer leiser. Würde man ein absolutes Vakuum in dem Zylinder erzeugen, wäre der Ton sogar überhaupt nicht mehr zu hören. In einem luftleeren Raum fehlt nämlich das Medium, das die Schallwellen überträgt. Unsere Ohren können daher kein Signal wahrnehmen und wir hören nichts mehr. Die Glocke klingelt somit völlig lautlos unter dem Acrylzylinder.

Schall breitet sich bei Zimmertemperatur in Luft mit etwa 340 Metern pro Sekunde aus. Er kann sich aber auch in anderen Medien als Luft ausbreiten. Man nennt die Schallwellen dann auch »Körperschall«. Dieser breitet sich meistens wesentlich schneller aus als die Schwingungen in der Luft. In Eisen bewegt sich eine Schallwelle zum Beispiel ca. 15 Mal schneller als in Luft, also mit ca. 5.100 m/s.

Stereohören

Jeder Mensch ist auf zwei Ohren angewiesen, um wahrnehmen zu können, aus welcher Richtung ein Geräusch kommt. Wie gut das funktioniert, kann man an dieser Station ausprobieren. Halte die Hörmuscheln an deine Ohren und lass einen Partner mit dem Stock leicht auf den Schlauch klopfen.

Je nachdem wo eine Schallwelle ihren Ursprung hat und wie unser Kopf zu diesem Ursprung gedreht ist, muss sie zu unseren beiden Ohren unterschiedlich lange Strecken zurücklegen. Das heißt, die Ohren registrieren den Laut zu unterschiedlichen Zeiten. Dadurch kann das Gehirn entscheiden, aus welcher Richtung das Geräusch kommt. Genauso funktioniert es auch an dieser Station. Klopft man genau auf die Mitte des Schlauches, so muss der damit erzeugte Schall in beide Richtungen einen gleich langen Weg zu den Ohren zurücklegen. Er erreicht also beide Ohren zur selben Zeit, woraus das Gehirn schließt, dass das Geräusch genau mittig hinter einem entstanden ist.

Klopft man nun ein kleines Stück weiter rechts oder links auf den Schlauch, so erreicht der Schall das eine Ohr eher als das andere. Das Gehirn kann aufgrund dieser unterschiedlichen Eintreffzeiten erkennen, aus welcher Richtung das Signal kommt. Schlägt man den Schlauch zum Beispiel 1,5 cm links von der Mitte an, so muss der Schall zum rechten Ohr insgesamt 3 cm mehr zurücklegen als zum linken Ohr. Das entspricht bei einer Schallgeschwindigkeit von 340 Metern pro Sekunde ungefähr einem Zeitunterschied von 1/10.000 Sekunde, die das Signal eher bzw. später am Ohr eintrifft. Bereits dieser kleine Zeitunterschied reicht für unser Ohr und unser Gehirn aus, um zu bestimmen, aus welcher Richtung das Geräusch stammt.

AKUSTIK

Spra-a-achrohr

Spricht man in das eine Ende des langen blauen Rohrs, dauert es etwa eine drittel Sekunde, bis das Gesprochene am anderen Ende zu hören ist. Ein Effekt, der wohl nicht nur dem Bürgermeister aus Wesel vertraut ist.

Zwischen Sprechen und Hören gibt es immer eine gewisse Verzögerung. Das liegt daran, dass der Schall eine bestimmte Ausbreitungsgeschwindigkeit besitzt. Sie liegt in Luft bei ungefähr 340 Metern pro Sekunde.

Spricht man in das eine Ende des Schlauchs, wird der Schall an den harten Wänden im Inneren reflektiert und gelangt so bis zum anderen Ende. Um das Schlauchende in 125 m Entfernung zu erreichen, benötigt der Schall etwa ein Drittel einer Sekunde. So ist dort nur mit geringen Lautstärkenverlusten, die aufgrund von Energieverlusten bei der Reflexion des Schalls an den Schlauchwänden entstehen, zu hören, was man vorher in das Rohr gesprochen hat.

Häufig nutzen Kinder diesen Effekt, um die Entfernung von Gewittern zu bestimmen. Dazu zählen sie die Sekunden, die zwischen dem Sehen des Blitzes und dem Eintreffen des Donners vergehen. Diese Zeit muss man dann durch drei teilen, um die ungefähre Entfernung des Gewitters in Kilometern bestimmen zu können.

Auch das Echo in Gebirgen ist nur zu hören, weil die Schallgeschwindigkeit endlich ist. Ruft man laut in die Berge hinein, wird der Schall von den Bergwänden reflektiert und ist einige Sekunden später an seinem Entstehungsort zu hören.

Hörrohr

Durch das Hörrohr kann man sich mit Freunden unterhalten, so wie einst Kapitän und Maschinist auf einem alten Dampfschiff. Erstaunlicherweise reicht es völlig aus, ruhig und leise zu sprechen. Das Gegenüber versteht trotz der Rohrlänge von über 30 Metern jedes einzelne Wort.

Beim Sprechen sendet man Schallwellen aus. Spricht man direkt in das Rohr, so werden diese Laute an der glatten und festen Oberfläche des Rohres reflektiert. Das ist zu vergleichen mit der Reflexion von Licht an einem Spiegel. Auch hier gilt das Gesetz »Einfallswinkel ist gleich Ausfallswinkel«. Durch Reflexionen wird der Schall von einem Rohrende zum anderen geleitet, an den Bögen des Rohrs sind dazu mehrere Reflexionen nötig. So gelangen die Worte ohne größere Energieverluste an das andere Ende des Rohres, wo man sie gut verstehen kann.

Dieser Effekt wird auch für das Sonar in U-Booten genutzt. Dabei sendet das Boot ein Schallsignal aus, das sich im Wasser ausbreitet und dann an Gegenständen oder am Meeresboden reflektiert wird. Ein Teil des Schalls wird von der Oberfläche zum Boot zurückgeworfen. Dessen Sonar registriert die Richtung und misst die Zeit, die seit Aussenden des Signals vergangen ist, um darüber die Entfernung des Gegenstandes zu bestimmen. Das Sonar ersetzt also das menschliche Auge unter Wasser. In der Natur machen sich zum Beispiel Fledermäuse dieses Prinzip zunutze, um nachts sehen zu können.

Hörspiegelstrecke

Sich mit einem Partner im Flüsterton unterhalten, obwohl er fast 20 Meter entfernt steht? Mit den Hörspiegeln, die wie große Parabolantennen aussehen, ist das kein Problem.

Schall wird an glatten Oberflächen reflektiert, ganz genauso wie Licht an einem Spiegel. Bei den beiden Hohlspiegeln der Hörspiegelstrecke werden einerseits parallel einfallende Schallwellen in einem Brennpunkt, der ca. 40 cm vor den Spiegeln liegt, gebündelt. Andererseits werden Schallsignale, die aus dem Brennpunkt in Richtung Spiegel ausgesendet werden, in parallele Wellen verwandelt.

Stehen nun beide Personen mit ihrem Kopf genau im Brennpunkt »ihres« Spiegels und sprechen jeweils in Richtung Spiegelmitte, passiert Folgendes: Die Schallwellen der sprechenden Person werden vom Hohlspiegel in parallel verlaufende Signale umgewandelt. Treffen diese auf den Spiegel gegenüber, werden sie in dessen Brennpunkt gebündelt. Dort steht die andere Person, die jetzt verstehen kann, was ihr Partner ihr zugeflüstert hat.

Dadurch, dass die Hohlspiegel die Schallwellen bündeln und auf kleinem Raum zusammenhalten, versteht man sich auf diese große Entfernung sogar besser als von Angesicht zu Angesicht. Denn hier würde sich der Schall in nahezu alle Richtungen ausbreiten und dadurch deutlich an Lautstärke verlieren.

Resonanzröhren

An einem Pfeiler hängen Röhren in vier unterschiedlichen Längen. Mit seinem Ohr verschließt man das eine Ende einer Röhre und hört dann mit dem anderen offenen Ende in den Raum hinein.

In dem Raum, in dem die Resonanzröhren angebracht sind, entstehen viele verschiedene Geräusche. Auch von draußen dringt Straßenlärm herein. Alle diese Geräusche bestehen aus hohen und tiefen Tönen, die sich dementsprechend in ihrer Wellenlänge unterscheiden. Die tiefen Töne bestehen z. B. aus Schallwellen mit großen Wellenlängen. Man sagt, sie haben niedrige Frequenzen. Bei hohen Tönen ist es genau umgekehrt. Durch die Überlagerung entsteht ein Ton-Klang-Geräusch-Gemisch, ein sogenanntes Spektrum.

Die Schallwellen der verschiedenen Geräusche breiten sich im Raum aus und bringen auch die Luft in den Röhren zum Schwingen. Je nach Länge der Röhren passen bestimmte Wellen besonders gut hinein. Die Schwingung der Luft für diese Töne überlagert sich mit der Reflexion am Ende des Rohrs. Die Lautstärke wird verstärkt und schaukelt sich so auf, dass die anderen Geräusche davon übertönt werden. Zu jeder Rohrlänge gehört ein typischer Ton. Die Frequenz von diesem Ton nennt man Eigenfrequenz oder Resonanzfrequenz. Auch Töne mit doppelter, dreifacher usw. Frequenz werden verstärkt und bilden einen gemeinsamen Klang.

Da die Röhren unterschiedlich lang sind, ist an jeder etwas anderes zu hören. Auch bei Musikinstrumenten wird diese Eigenschaft ausgenutzt. Zum Beispiel ändert sich bei der Posaune der Ton durch Verlängern oder Verkürzen des Rohres am Instrument. Bei einer Panflöte ist es etwas anders. Hier sind die Längen der Röhrchen fest und daher wird eine große Anzahl von ihnen nebeneinander angeordnet.

Kundtsches Rohr

Wenn ihr an diesem einseitig geöffneten Rohr den Regler betätigt, bringt ihr das darin enthaltene Korkmehl zum Tanzen. Und nach kurzer Zeit bilden die Korkteilchen sogar bestimmte Wellenmuster.

An der Öffnung des durchsichtigen Rohres ist ein Lautsprecher angebracht, der bei Einschalten einen Ton erzeugt. Um diesen Ton zu bilden, wird die Membran innerhalb des Lautsprechers in Schwingung versetzt. Diese überträgt sich auf die Luft im Rohr und erzeugt eine Schallwelle. Einige Teilchen des Korkmehls werden von den Schwingungen der Luft mitgerissen und fangen ebenfalls an zu schwingen.

Da die Schallwelle am geschlossenen Ende des Rohres reflektiert wird, überlagert sie sich mit der eingestrahlten Welle. Wenn der eingestellte Ton die richtige Wellenlänge besitzt, dann bildet sich aus beiden Wellen eine sogenannte stehende Welle. Diese heißt stehend, weil sich ihre Wellenberge und -täler immer an derselben Stelle befinden. Wo die Welle Täler aufweist, bleibt das Korkmehl liegen, weil dort die Bewegung der Luft am geringsten ist. In den Bergen der Welle hingegen verschwindet das Korkmehl, weil hier die Schwingung der Luft am stärksten ist. So entsteht das gesehene Muster.

Ändert man mit dem Tonregler die Tonhöhe, ändert sich damit auch die Wellenlänge der Schallwelle innerhalb des Rohres. Ihre Täler und Berge verschieben sich, die Teilchen des Korkmehls ordnen sich erneut an und bilden ein anderes Muster.

Schwebung

Zunächst hört man an dieser Station nur ein dumpfes Brummen. Stellt man den Drehknopf auf dem Pult aber richtig ein, hört man einen Ton, der abwechselnd lauter und leiser wird.

Die beiden Lautsprecher in der Decke der Station erzeugen zwei von einander unabhängige Schallwellen, die sich überlagern. Mit dem Drehknopf in der Mitte des Pults kann man die Frequenz eines einzelnen Lautsprechers verstellen. Dabei entstehen aber zunächst keine harmonischen Wellen und man hört nur ein dumpfes Brummen. Schwingen die beiden Lautsprecher oder Schallwellen hingegen fast mit identischer Frequenz, tritt ein Phänomen auf, das man Schwebung nennt. Dabei erzeugen die beiden einzelnen Schallwellen einen Klang, der abwechselnd laut und wieder leise wird. Schwebungen treten also nur bei bestimmten Frequenzunterschieden der beiden einzelnen Schallwellen auf, die man Schwebungsfrequenz nennt. Sobald man die zwei Lautsprechertöne zur perfekten Überlagerung bringt, verschwindet die Schwebung.

Schwebungen treten zum Beispiel bei der Überlagerung von zwei Schallwellen auf, die durch zwei Stimmgabeln oder zwei Saiteninstrumente mit fast identischer Frequenz erzeugt werden. So entsteht auch beim Stimmen eines Klaviers manchmal eine Schwebung, solange zwei Töne noch nicht ganz gleich sind.

Monochord

Wie entstehen eigentlich die unterschiedlichen Töne bei Saiteninstrumenten? An dieser Station könnt ihr das nachvollziehen. Denn je nachdem, wie ihr die Holzstege verschiebt oder die Hebel dreht, ändert sich der Ton, der beim Zupfen der Saite erklingt.

Zuerst werdet ihr feststellen, dass der zu hörende Ton umso lauter erklingt, desto stärker ihr die Saite anzupft. Das liegt daran, dass der Faden dann mit einer größeren Auslenkung (Amplitude) schwingt, die wiederum der Lautstärke des Tons entspricht. Mit den beiden blauen Hebeln könnt ihr die beiden Fäden unterschiedlich stark spannen. Erhöht ihr die Spannung, erhöht sich auch die Tonhöhe des Lauts, der durch Anzupfen der Saite erklingt. Mit Verschieben der beiden Stege verändert ihr die Saitenlänge, die schwingen kann. Dabei ist der Abstand der beiden Stege gleich der Saitenlänge. Auf dem Steg selbst liegt die Saite fest auf, sie kann sich dort nicht bewegen.

Zwischen den beiden Aufhängungspunkten an den Stegen entsteht nach Anzupfen der Saite eine stehende Welle. Das bedeutet, dass zwischen dem Anfangs- und Endpunkt der Saite eine Welle mit sogenannten Bäuchen (maximale Auslenkung des Fadens) und Knoten (in diesem Punkt bewegt sich die Saite nicht) entsteht. Sie heißt stehend, weil ihr räumliches Wellenbild nicht wandert. Diese stehende Welle verursacht den zu hörenden Klang. Die Tonhöhe verändert sich mit der Schwingungszahl pro Sekunde (Frequenz) der Saite. Wird die Frequenz höher, erscheint auch der zu hörende Ton heller. Jene kann durch Drehen der Hebel oder durch Verändern der Saitenlänge beeinflusst werden. Diese Änderung des Tons durch Verkürzen der Saite wird auch bei Saiteninstrumenten wie der Gitarre oder der Geige benutzt. Hier wird die Saite durch Auflegen eines Fingers verkürzt.

Das Monochord wird dem antiken Philosophen und Mathematiker Pythagoras von Samos zugeschrieben. In seiner ursprünglichen Form hatte es nur eine Saite. Hier wurden zwei Fäden angebracht, damit ein direkter Vergleich von Tönen möglich ist.

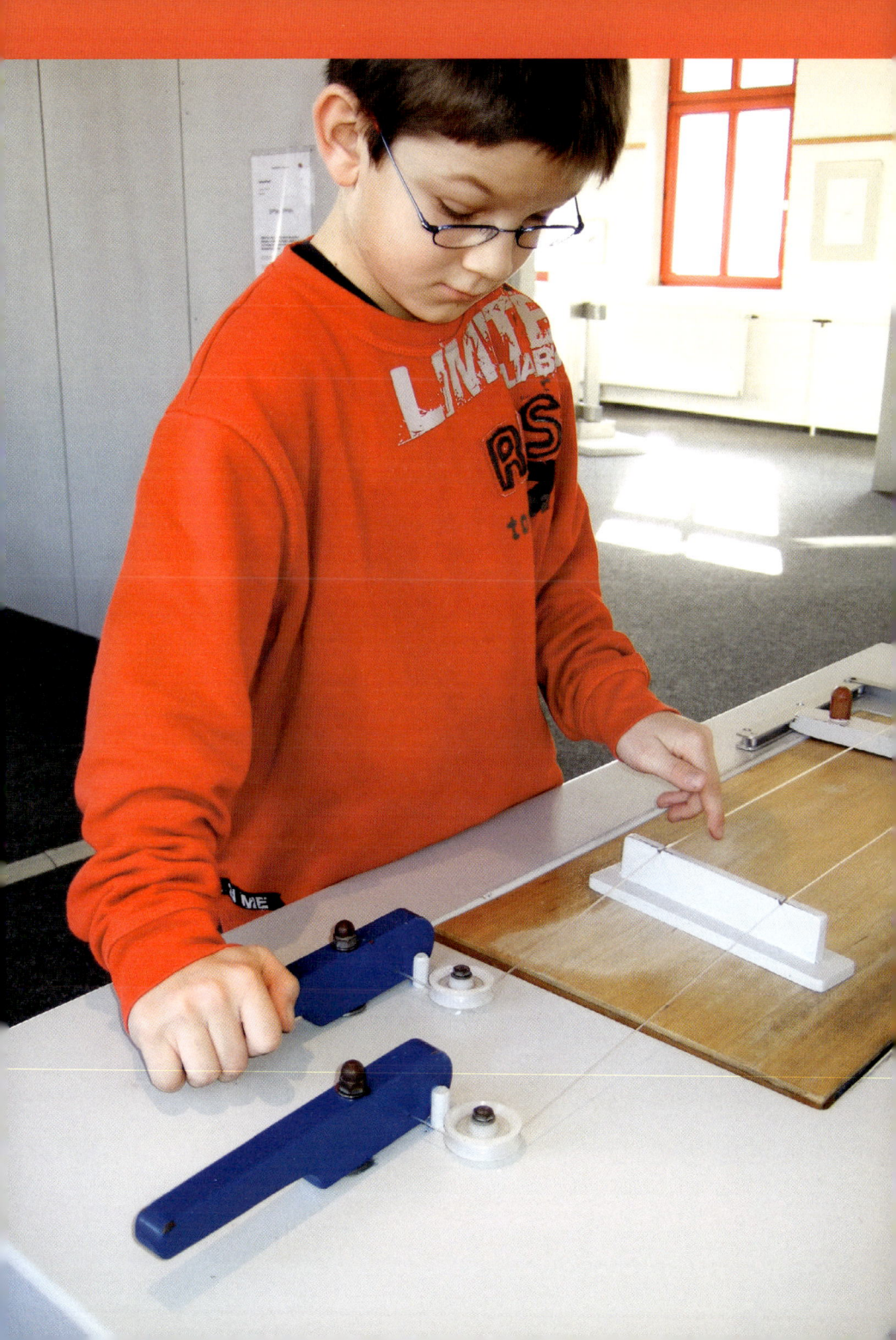

Lochsirene

Mit Hilfe dieser Lochscheibe lassen sich die unterschiedlichsten Töne erzeugen. Wer besonders geschickt ist, kann vielleicht sogar eine kleine Melodie spielen.

Vor der Lochscheibe befindet sich ein Schlauch, aus dem Luft auf die sich drehende Scheibe strömt. Durch den schnellen Wechsel von Löchern und Metall wird der Luftstrom aus dem Gummischlauch gleichsam in »Stücke« geschnitten. Dadurch erhält die Luft hinter der Platte schnell aufeinanderfolgende Stöße. Diese Druckwellen breiten sich über die Luftmoleküle aus und bilden eine Schallquelle, die wir als typischen Sirenenklang wahrnehmen. Er äußert sich darin, dass die Druckänderungen nicht harmonisch wie bei einer Stimmgabel erfolgen, sondern abrupt. Überträgt man die Töne in grafische Linien, erhält man bei harmonischen Schwingungen eine Sinuskurve und bei Sirenenklängen eine Rechteckschwingung.

Je nachdem wie häufig der Luftstrom pro Sekunde unterbrochen wird, entsteht ein anderer Ton. Bewegt man den Schlauch zum Beispiel zu einem der äußeren Ringe, wird der Luftstrom wesentlich häufiger unterbrochen. Das liegt daran, dass hier mehr Löcher vorhanden sind, die den Luftstrom in derselben Zeit passieren wie die Öffnungen auf den inneren Kreisen. Je häufiger der Luftstrom unterbrochen wird, desto schneller schwingt die Umgebungsluft. Man sagt auch, die Frequenz erhöht sich.

Insgesamt lässt die Lochsirene das Spielen aller Töne der Dur-Tonleiter zu. Ließe man die Scheibe schneller rotieren, wäre es sogar möglich, die Dur-Tonleiter in unterschiedlichen Oktaven zu spielen.

Thereminvox

Das Thereminvox ist bis heute das einzige Instrument, das ohne Berühren gespielt werden kann: Je nachdem, wie nah man seine Hände an die beiden Antennen bringt, verändern sich Lautstärke und Tonhöhe von einem tiefen Brummen bis zu hohem Pfeifen.

An den Seiten des Geräts befinden sich zwei Antennen, eine Stabantenne und eine Ringantenne. Beide reagieren empfindlich auf Veränderungen in ihrer Umgebung und beeinflussen zusammen die Tonausgabe. Bringt man zum Beispiel eine Hand in die Nähe der Stabantenne, ändert sich die Tonhöhe des Klanges, den das Gerät dann kontinuierlich ausgibt. Die Lautstärke des Tons kann über die Ringantenne gesteuert werden.

Ein Thereminvox hat ein kontinuierliches und deshalb ganz markantes Klangspektrum, das man leicht aus anderen Instrumenten heraushören kann. So kann man mit ihm nicht gezielt einen einzelnen Ton anspielen, wie man es beispielsweise von einer Trompete oder einem Klavier gewohnt ist. Stattdessen muss man sich dem Ton annähern, indem man entweder zunächst die Laut-stärke auf null herabsetzt, die Tonhöhe mit der Stabantenne bestimmt und dann die Lautstärke wieder kontinuierlich erhöht. Oder man lässt die Lautstärke unbeeinflusst und erklimmt die Tonleiter bis zum gewünschten Ton. Mit ein wenig Übung lassen sich so mit dem Theremin-vox ganze Lieder spielen.

Dieses gänzlich berührungslos zu spielende, erste elektronische Musikins-trument ist eine Zufallsentdeckung, denn eigentlich wollte der russische Erfinder Lev Theremin (1896–1993) einen Bewegungsmelder für eine Alarmanlage konstruieren. Der eigentümliche Klang des Instruments wurde oft von Regisseuren wie Alfred Hitchcock oder Tim Burton zur Untermalung von Thrillern und Science-Fiction-Filmen eingesetzt. Gespielt wurde es unter anderem von Jean-Michel Jarre oder Led Zeppelin.

Unendliche Tonleiter

Egal in welcher Richtung man die zwölf Tasten auf dem runden Tisch nacheinander drückt: Die erzeugte Tonleiter scheint immer höher oder tiefer zu werden, ohne irgendwann ein Ende zu erreichen.

Die Unendliche Tonleiter ist nur scheinbar unendlich, denn dieser Eindruck ist in Wahrheit einer akustischen Täuschung zu verdanken: Jeder Klang, der beim Drücken einer Taste zu vernehmen ist, besteht aus mehreren Tönen. Ein Computer hat sie so berechnet, dass die Abstände zwischen den Tönen des Klangs genau einer Oktave entsprechen und die Abstände zwischen benachbarten Tasten genau einem Halbtonschritt. So sind bei einmaligem Umkreisen des Tisches alle zwölf Halbtöne einer Oktave zu hören.

Durch unsere selektive Wahrnehmung hören wir beim Wechsel zu einer Nachbartaste nur genau den Ton aus dem Klanggemisch heraus, den wir gemäß der Halbtonleiter erwarten. Würde sich unser Gehör aber nur auf diese sogenannte selektive Wahrnehmung stützen, hätte auch die Unendliche Tonleiter ein Ende. Dass das Gegenteil der Fall ist, liegt daran, dass jeder Mensch neben dem einzelnen Ton auch unbewusst das ganze Klangschema wahrnimmt. Wenn man also einen Ton heraushört, registriert man gleichzeitig auch alle Nebenklänge.

So kommt eine weitere Besonderheit der vom Computer berechneten Klänge zur Entfaltung: Sie sind so aufgebaut, dass die in der mittleren Lage jeweils am lautesten sind, während sie nach oben und unten leiser werden. Ist also ein Ton im Vergleich zu dem eigentlich erwarteten zu hoch oder zu tief, d.h. zu leise, ersetzt das menschliche Gehör diesen durch einen, der dem erwarteten sehr nahe kommt. Dabei gilt, dass Töne, die nur eine Oktave auseinander liegen, sehr ähnlich klingen.

Zusammenfassend lässt sich also sagen, dass sich das menschliche Gehör aus einem ganzen Spektrum an Tönen genau den herauspickt, den es erwartet. So wird es fast unmöglich, Anfang oder Ende der Unendlichen Tonleiter nach dem Gehör zu bestimmen.

Vorwärts – Rückwärts

Palindrome sind Wörter oder ganze Sätze, die man sowohl vorwärts als auch rückwärts lesen kann, so zum Beispiel die Wörter »Rentner« oder »Neffen«. Gesprochen und rückwärts abgespielt ergibt allerdings nicht jedes Palindrom einen Sinn. Welche Wörter und Sätze das sind, kann man hier am Vorwärts-Rückwärts-Gerät ausprobieren.

Beim Sprechen benutzt man Doppellaute wie »au, ei, ie« oder Konstruktionen wie »pf, sch, st, ck«. Nimmt man Wörter oder ganze Sätze auf, so werden diese besonderen Wortbausteine als ein Laut registriert. Beim Rückwärtsabspielen werden solche ebenfalls als ein Laut wiedergegeben und verfälschen damit manchmal den Sinn des Wortes oder des Satzes. So zum Beispiel bei dem Wort »Reliefpfeiler«: Normal gesprochen kommt der »f«-Laut vor dem »pf«-Laut. Beim Rückwärtsabspielen ist jedoch zuerst der »pf«-Laut zu hören, sodass Klang und Aussprache des gesamten Wortes verzerrt werden. Sprache ist eben doch mehr als die bloße Aneinanderreihung von Buchstaben!

Mechanik –
Physik mit Kraft

Warum fliegt ein tonnenschweres Flugzeug? Wie funktioniert ein Flaschenzug? Und warum halten Brücken selbst dann, wenn etliche Autos oder ganze Lkw-Kolonnen über sie hinwegrollen? Diese und zahlreiche weitere Fragen kann uns das älteste und auch heute noch grundlegende Teilgebiet der Physik – die Mechanik – beantworten. Sie ist in unserem Alltag an fast jedem nur denkbaren Ort versteckt und hilft uns fast überall weiter, ohne dass wir davon wissen.

Die Mechanik beschäftigt sich mit Zuständen der Ruhe (»Statik«), der Bewegung (»Kinematik«), den dabei wirkenden Kräften (»Dynamik«) und der dadurch umgewandelten Energie. Um verschiedene Energieformen umzuwandeln, bedarf es Arbeit – ein weiterer Begriff der Mechanik. Betrachtet man diese in einem bestimmten Zeitraum, spricht man von Leistung. Der Begriff Leistung ist am anschaulichsten beim Sport zu beobachten. Hier verrichtet der Sportler über einen meist sehr entscheidenden Zeitraum – man denke nur an einen 100-Meter-Sprint – etliche Arbeit, sodass man im Ziel von seiner guten oder auch schlechten Leistung berichten kann.

Da sich die Mechanik mit den Bewegungen von Körpern beschäftigt, muss sie auch von der Reibung handeln, die bei Bewegungen in flüssigen oder gasförmigen Stoffen zwangsläufig entsteht. Wir spüren diese Reibung als Luftwiderstand, wenn wir uns schnell bewegen wollen, wie z. B. bei einem Fallschirmsprung, oder als Wasserwiderstand, wenn wir uns im Wasser fortbewegen oder vom Sprungturm springend auf die Wasseroberfläche treffen. Wenn wir uns dann unter Wasser befinden, spüren wir auch sofort den Druck, der unter Wasser auf unseren Ohren lastet. Aber auch an der frischen Luft wirkt ständig ein gewisser Druck auf uns. Allerdings haben wir uns an diesen sogenannten Normaldruck schon so gewöhnt, dass wir ihn gar nicht mehr wahrnehmen – allenfalls dann, wenn er nicht mehr da ist.

Zu all diesen Vorgängen gibt es in der Mechanik beschreibende Gesetze, eines der bekanntesten ist das Hebelgesetz. Durch ihre Anwendung in zahlreichen Maschinen versetzen sie den Menschen heutzutage in die Lage, seine täglichen Aufgaben wesentlich leichter, schneller und damit effizienter zu meistern.

Auch in der PHÄNOMENTA gibt es zahlreiche Experimente zum Thema Mechanik. So kann man sich mit Hilfe von Flaschenzügen selbst in die Höhe ziehen oder einfach nur einen schweren Betonklotz bewegen. Das Hebelgesetz ist direkt oder in raffinierten technischen Umsetzungen zu entdecken. Wasser kann durch das Drehen einer Kurbel einen Höhenunterschied überwinden und ein Doppelkegel rollt scheinbar bergauf. Man kann die wichtige Erfahrung machen, dass nicht immer der kürzeste Weg am schnellsten zum Ziel führt. Mechanische Impulse werden am Rückstoßwagen ausgetauscht und am großen Klick-Klack in Verbindung mit Energie zu einem ganz besonderen Kunststück.

Wie schwer man selbst ist und was auf einer Personenwaage stattfindet, wenn man nicht wie gewohnt kerzengerade auf ihr steht, lässt sich an der Kraftmessplatte herausfinden. Luft brauchen die Besucher der PHÄNOMENTA nicht nur zum Atmen. Stattdessen lassen sich mit ihrer Hilfe geheime Nachrichten schnell und kostengünstig verschicken, zwei Scheiben aneinanderkleben und verschiedene Windräder auf der Dachterrasse der PHÄNOMENTA betreiben. Geschickt genutzt, löscht man mit Luft eine Kerze über viele Meter hinweg, ohne selbst zu pusten und lässt einen Ball mitten im Raum schweben. Wie ein Ingenieur in einer großen Autofirma kann man mit ihr Autos in einem Windkanal testen und eine kleine Badewannenente unter Druck setzen.

Flaschenzug

Ein schwerer Betonklotz liegt mittig auf einer Holzbahn. An seinen beiden Enden sind zwei Seile befestigt, mit denen der Klotz in die eigene Richtung gezogen werden kann. Doch seltsam: Während es auf der einen Seite recht einfach ist, muss man auf der anderen Seite all seine Kräfte aufwenden, um den Klotz zu bewegen.

An dem Ende, wo das Seil direkt mit dem Betonklotz verbunden ist, muss man die ganze Kraft, die zum Bewegen des Betonklotzes nötig ist, selbst aufbringen. Entsprechend schwerer fällt es, das Seil zu ziehen. Am anderen Ende hingegen, wo das Ziehen deutlich leichter fällt, wird das Tau über einen sogenannten Flaschenzug umgelenkt. Dieser sorgt dafür, dass das Seil durch Umlenkrollen in mehrere Seilstücke zerlegt wird. Jedes Teilstück übernimmt den gleichen Anteil an Kraft, die benötigt wird, um den Klotz zu verschieben. Der Besucher muss nur noch einen Bruchteil der Kraft selbst aufbringen. So hat man bei der Benutzung von zwei Rollen bereits drei Seilstücke, die jeweils ein Drittel der Kraft aufnehmen. Weil der Benutzer aber nur am letzten Seilstück zieht, muss er nur noch ein Drittel der Kraft selbst einsetzen. Allerdings muss immer mehr Seil gezogen werden, je mehr Umlenkrollen man benutzt. Denn mit jedem neuen Seilstück kommt auch ein weiteres Stück Weg hinzu, das man ziehen muss.

Flaschenzüge werden auch heute noch benutzt, um schwere Lasten zu heben oder zu ziehen, so zum Beispiel an den Hakenvorrichtungen von großen Baukränen oder aber in der Schifffahrt zum Spannen der Segel. Seinen Namen verdankt der Flaschenzug übrigens den Halterungen, in denen die Rollen befestigt sind. Diese waren früher aus einem Stück gefertigt und wurden Flaschen genannt. Heutzutage nennt man die Halterungen der Rollen auch Scheren.

Flaschenzug-Sitze

Je nachdem auf welchen der drei Stühle du dich setzt, ist es mal schwerer und mal leichter, dich an dem Seil selbst in die Höhe zu ziehen.

Entscheidend ist bei diesem Flaschenzug-Experiment die Anzahl der verwendeten Rollen, über die das Seil läuft: Wird nur eine Rolle verwendet, dann funktioniert diese nur als einfache Umlenkrolle. Werden mehrere Rollen verwendet, entstehen im Flaschenzug-Sitz zusätzliche Seilstücke, die nun jeweils einen Teil der Gewichtskraft aufnehmen.

Je mehr Rollen also benutzt werden, desto kleiner wird der Anteil der Kraft, den man selber leisten muss, um sich nach oben zu ziehen. Gleichzeitig muss man aber auch umso mehr Seil ziehen, denn mit jedem neuen Seilstück, das pro zusätzlicher Rolle entsteht, muss die gleiche Seillänge noch einmal gezogen werden. Beim ersten Stuhl gibt es nur die Umlenkrolle. Zieht man an dem Seil, dann verteilt sich die eigene Gewichtskraft auf beide Seiten. Sobald der Anteil der Kraft, der am Seil hängt, größer wird als der restliche Anteil auf dem Stuhl, bewegt man sich nach oben.

Auf dem zweiten Flaschenzug-Sitz kommen drei Rollen zum Einsatz, also zwei zusätzliche Seilstücke, die je den gleichen Teil an Kraft aufnehmen. So muss eine Person nur noch ein Viertel ihrer Gewichtskraft zum Hochziehen aufbringen.

Der dritte Stuhl schließlich, der über fünf Rollen läuft, erfordert nur noch ein Sechstel der Kraft zum Hochziehen. Insgesamt muss man aber fünfmal so viel Seil ziehen wie beim ersten Stuhl.

Zange

Muskelkraft alleine reicht nicht immer. Es kommt auch darauf an, wie bzw. wo sie angewendet wird. Das beweist auch diese riesige, drei Meter lange Zange.

An dieser Station wird das Prinzip des Hebelgesetzes demonstriert. Es besagt: Je länger der Hebel ist, der über einen Drehpunkt die Kraft an einen Körper weitergibt, desto leichter wird es, den Körper zu bewegen. Im Fall der Zange besitzen die zwei Hebel einen gemeinsamen Drehpunkt, an dem sich die beiden Bügel schneiden. Will man die Feder, die sich zwischen den Backen dieser überdimensionalen Zange befindet, zusammendrücken, muss man viel Kraft aufwenden. Dabei gilt, je näher man die Druckkraft an der Feder ansetzt, desto schwieriger wird es, sie auch nur einen Millimeter zu stauchen. Drückt man jedoch ganz am Ende der Zange, wird der Hebel, der die Kraft überträgt, möglichst lang. So ist es fast ein »Kinderspiel«, die Feder zu stauchen.

Zählwaage

Übliche Waagen haben gleich lange Hebelarme und sind deshalb im Gleichgewicht, wenn auf beiden Waagschalen die gleiche Masse liegt. Wenn man aber die Hebelarme verschieden lang macht, ist die Situation anders.

Mit einer Zählwaage kann man Gegenstände nicht nur wiegen, sondern auch zählen, wenn es sich um Dinge mit gleichem Gewicht, wie etwa Schrauben, Muttern oder Plastikteile, handelt. Das ermöglicht ihre komplexe Konstruktion aus mehreren Balken mit drei Waagschalen und getrennten Auflagepunkten. Für die verschiedenen Längenverhältnisse links und rechts vom Auflagepunkt kann man mit dem Hebelgesetz die Verteilung der Kräfte beschreiben.

Anschaulich lässt sich dies mit Hilfe einer Kinderwippe erklären. Hier befinden sich Auflagepunkt und Drehpunkt meistens in der Mitte des Holzbalkens. Die Kinder, die außen auf der Wippe sitzen, üben über den Hebel eine Kraft auf ihr Gegenüber aus. Mit größerem Gewicht oder zunehmendem Abstand wächst diese Kraft an. Bei gleich schweren Kindern, die sich mit der gleichen Entfernung von der Mitte auf den Balken setzen, befindet sich die Wippe im Gleichgewicht. Eine leichte Gewichtsverlagerung nach vorne oder hinten lässt die andere Seite sofort aufsteigen oder absinken. Wollen zwei Kinder mit deutlich unterschiedlichem Gewicht wippen, muss sich das schwerere Kind mit einem kleineren Abstand näher an den Drehpunkt setzen.

Bei der Zählwaage ist das Verhältnis der Entfernungen von der linken und der mittleren Waagschale zum Auflagepunkt 10:1. Das bedeutet, in der großen Schale muss sich im Vergleich zur linken Schale das zehnfache Gewicht befinden, damit sich die Waage im Gleichgewicht befindet. In gleicher Weise ergibt sich für die rechte Schale zur mittleren Schale ein Verhältnis von 100:1. Auch eine Kombination gleicher Gegenstände in den beiden kleinen Schalen ist möglich, sodass die Zählwaage beim anschließenden Auffüllen der großen Schüssel bis zum Gleichgewicht zum Zählen gleicher Dinge benutzt werden kann.

Die Zählwaage bei PHÄNOMENTA hat übrigens lange Zeit in einem Lüdenscheider Betrieb gedient und ist ein echtes Museumsstück!

Archimedische Schraube

An dieser Station könnt ihr Wasser ohne Eimer und ohne größeren Kraftaufwand in die Höhe transportieren. Dazu müsst ihr nur die Kurbel betätigen – im wahrsten Sinne des Wortes »Wasser im Handumdrehen«!

Die Archimedische Schraube ist nach ihrem Erfinder Archimedes von Syrakus benannt. Sie dient dazu, Wasser möglichst kraftschonend in die Höhe zu befördern. Sie besteht aus einem dicken Schlauch, der wendelförmig um eine aufwärts geneigte Drehachse gewickelt ist. Dank seiner Öffnung am unteren Ende schöpft dieser Schlauch bei jeder Drehung eine Portion Wasser aus dem Becken. Bei jeder weiteren Umdrehung wird das Wasser eine Windung weiter transportiert, wodurch die Wassermenge an Höhe gewinnt, bis sie schließlich aus der oberen Schlauchöffnung zurück in das Auffangbecken fließt.

Damit das funktioniert, muss in jeder Windung eine Mulde vorhanden sein, die das Wasser aufnimmt. Außerdem darf der Schlauch nicht zu steil angebracht werden, aber auch nicht zu weit gestreckt sein. Der benötigte Kraftaufwand ist abhängig vom Höhenunterschied, der pro Windung zurückgelegt wird, und von der Menge des Wassers, die sich im Schlauch befindet. Ist die Archimedische Schraube relativ flach angebracht, nimmt sie viel Wasser auf, welches dann jedoch nur einen geringen Höhenunterschied zurücklegt. Steht die Schraube sehr steil im Becken, nimmt sie zwar wenig Wasser auf, dafür muss das Wasser aber eine umso größere Strecke in die Höhe bewältigen.

Seit ihrer Erfindung vor über 2200 Jahren hat die Archimedische Schraube einen wahren Siegeszug angetreten. In Holland fand sie in Pumpstationen (sog. »Poldermühlen«) Verwendung, die aus Entwässerungsgräben Wasser förderten. Neben diesen fest installierten Pumpstationen gab es auch transportable Anlagen (sog. »Flutter«), die ebenfalls aus Archimedischen Schrauben bestanden und mit Wind angetrieben wurden. Sie wurden benutzt, um tiefer gelegenes Land zu entwässern. Auch heute noch finden solche Schraubenpumpen an Orten Verwendung, wo herkömmliche Pumpen schnell verstopfen. Ein Beispiel dafür ist die Kläranlage, in der verschmutztes Wasser zwischen einzelnen Becken hin und her transportiert werden muss.

Aufwärts rollender Doppelkegel

Bei geschlossenen Holmen ruht dieser Doppelkegel am tiefsten Punkt der schrägen Bahn, ganz so wie man es von ihm erwartet. Doch drückt man die beiden Stangen am oberen Ende auseinander, beginnt sich der Kegel auf einmal zu bewegen. Er rollt dem Besucher entgegen – und das scheinbar bergauf!

Hinter das Geheimnis des aufwärts rollenden Doppelkegels kommt man, wenn man seitlich der Station in die Hocke geht und von dort aus das Experiment betrachtet: Schnell wird dann klar, dass der Kegel gar nicht bergauf rollt, sondern in Wirklichkeit zwischen den Stangen versinkt. Sein Schwerpunkt, der sich genau in seinem geometrischen Mittelpunkt befindet, liegt am Ende tiefer zwischen den Stangen als zu Beginn, wenn sie noch geschlossen sind. Durch die Abwärtsbewegung seines Zentrums wird Lageenergie, die sein Schwerpunkt in Bezug auf die Stangen hat, allmählich in Bewegungsenergie umgewandelt. Würde man die Stangen mit Farbe bestreichen, zeichnete sich auf der Oberfläche des Kegels die Abrolllinie ab. Eine schraubenlinienförmige Bahn mit abnehmendem Radius wäre zu erkennen. Von der Seite würde diese aussehen wie eine immer kleiner werdende Spirale, die noch mal deutlich macht, dass sich der Abstand vom Schwerpunkt zur Stange mit jeder Umdrehung verringert.

Schließt man die Stangen, wird der Kegel unabhängig von seiner momentanen Position angehoben. Weil die Holme jetzt parallel verlaufen und der tiefste Punkt der Bahn am hinteren Ende liegt, rollt der Doppelkegel, ohne zwischen den Stangen zu versinken, dorthin zurück. Auch bei diesem Vorgang wird beständig Lageenergie in Bewegungsenergie umgewandelt.

Sollte der Kegel am unteren Ende der Bahn einmal nicht mittig starten, korrigiert er seine Lage wegen der speziellen Konstruktion von alleine. Diese Selbstzentrierung wird auch bei Eisenbahnwaggons benutzt, deren kegelförmige Räder sich als Ausschnitt aus dem hier verwendeten Doppelkegel auffassen lassen.

MECHANIK

Kugelwettlauf

Schon Galilei hat darüber nachgedacht, welche Bahnform am schnellsten zum Ziel führt. Diese Station liefert einen entscheidenden Anhaltspunkt für eine Antwort – führt wirklich immer der kürzeste Weg am schnellsten zum Ziel?

An dieser Station gibt es drei unterschiedlich geformte Bahnen. Da alle drei Bahnen vom Startpunkt bis zum Endpunkt den gleichen Höhenunterschied besitzen, ist für alle Kugeln die maximal erreichbare Endgeschwindigkeit gleich groß. Durch die verschiedenen Längen und Krümmungen der einzelnen Strecken erreichen die Kugeln ihre gemeinsame Endgeschwindigkeit jedoch unterschiedlich schnell.

Auf der nach oben gewölbten Bahn wird die Kugel am Anfang nur sehr schwach beschleunigt, weil die Neigung der Bahn hier äußerst gering ist. Dadurch ist der Ball zu Beginn sehr langsam. Erst relativ spät erreicht er die Endgeschwindigkeit der anderen Bälle, die zu der Zeit aber schon längst im Ziel sind. Die blaue, gerade Bahn ist die kürzeste der drei Bahnen. Trotzdem trifft der Ball auch hier nicht als erstes im Ziel ein. Stattdessen gewinnt die Kugel auf der nach unten gewölbten Bahn das Rennen. Das liegt daran, dass hier zu Beginn die Neigung der Bahn wesentlich größer ist als bei den anderen. Dadurch erreicht der Ball schon fast am Anfang seine maximale Geschwindigkeit. So legt er den Rest der Strecke in einer kürzeren Zeit zurück als die anderen Kugeln. Entscheidend ist hier also, wie schnell die Kugeln auf den einzelnen Bahnen die maximal mögliche Endgeschwindigkeit erreichen.

Mehrere gleich schwere Kugeln sind dicht hintereinander an gleich langen Fäden aufgehängt. Wenn man links die äußerste Kugel anhebt und gegen die nächste prallen lässt, wird am anderen Ende der Reihe die äußerste Kugel weggestoßen – die übrigen Kugeln aber verharren regungslos!

Eine Kugel, die sich bewegt, besitzt aufgrund ihrer Masse und ihrer Geschwindigkeit einen Impuls. Dieser bleibt nach Isaac Newton solange erhalten, wie man keinen Einfluss auf die Kugel nimmt.

Hebt man die am weitesten links hängende Kugel an und lässt sie auf die nächste ruhende Kugel prallen, so gibt sie ihren Impuls komplett an diese weiter. In diesem Fall spricht man von einem elastischen Stoß. Dieser bedeutet, dass der Gesamtimpuls vor und nach dem Stoß erhalten ist. Danach wird der Impuls solange unter den ruhenden Kugeln weiter gegeben, bis er die am weitesten rechts hängende erreicht. Diese kann den Impuls nicht mehr weitergeben und wird deshalb genauso weit ausgelenkt, wie man die erste Kugel angehoben hat. Hierfür ist entscheidend, dass alle Kugeln gleich schwer sind. Wäre dies nicht der Fall, würde nicht immer der gesamte Impuls weitergegeben, sondern nur ein bestimmter Anteil, und die letzte Kugel würde sich nicht so weit nach außen bewegen wie die erste.

Prallt danach die am weitesten rechts hängende Kugel wieder zurück auf ihre benachbarte ruhende Kugel, beginnt die ganze Prozedur in die andere Richtung. Auf welcher Seite man beginnt, ist also egal. Das Ganze funktioniert auch dann, wenn man zu Beginn zwei (oder noch mehr) Kugeln anhebt, denn dann werden am anderen Ende der Gruppe gleich zwei (oder entsprechend mehr) Kugeln ausgelenkt. Das wiederum liegt am Energieerhaltungssatz. Dieser lässt es nicht zu, dass eine Kugel den gesamten Impuls der zwei Kugeln aufnimmt, weil sich dann die Energie des gesamten Systems ändern würde.

Das große Klick-Klack in der PHÄNOMENTA wird auch Newton-Pendel oder Newton-Wiege genannt und geht auf den französischen Physiker Edme Mariotte zurück. In den 1960er-Jahren wurde es als Spielzeug wieder bekannt.

Rückstoßwagen

Auf einer von Prellböcken begrenzten Schiene steht ein Wagen, in dem eine schwere Kugel auf einer gekrümmten Bahn hin und her schwingen kann. Je nachdem, wie sehr ihr den Wagen und damit die darin hängende Kugel in Bewegung bringt, verhält sich der Wagen nach dem Loslassen unterschiedlich: Mal fährt er ruckartig über die Schiene, mal pendelt er sanft hin und her.

Alle Bewegungen, die beim Rückstoßwagen zu beobachten sind, resultieren aus dem Impulserhaltungssatz nach Isaac Newton. Dieser besagt, dass der Gesamtimpuls eines abgeschlossenen Systems konstant bleibt. Ein System kann dann als abgeschlossen bezeichnet werden, wenn keine Wechselwirkung mit der Umgebung erfolgt. Rückstoßwagen und Kugel stellen in diesem Experiment ein solches abgeschlossenes System dar.

Gibt man dem Wagen nur einen kleinen Stups, sodass die Kugel leicht nach oben schwingt, und lässt ihn dann sofort wieder los, haben Wagen und Kugel einen Gesamtimpuls. Die in Bewegung gebrachte Kugel verändert je nach Lage auf ihrer Bahn die Geschwindigkeit und damit ihren Impuls. Ist sie auf dem höchsten Punkt der gekrümmten Bahn (dem sogenannten Umkehrpunkt), hat sie die geringste Geschwindigkeit, ist sie am tiefsten Punkt (Ruhepunkt), hat sie ihre höchste Geschwindigkeit. Der Wagen versucht, diese ständige Impulsänderung der Kugel durch seine eigene Geschwindigkeit auszugleichen, um so den Gesamtimpuls zu erhalten. Also wird er schneller, wenn die Kugel langsam wird und umgekehrt – das Ergebnis ist eine ruckelige Stop-and-Go-Fahrt.

Bringt man hingegen die Kugel durch mehrmaliges Hin-und-Herschieben des Wagens kräftig in Schwung und lässt den Wagen genau dann los, wenn sich die Kugel an ihrem Umkehrpunkt befindet, geschieht Folgendes: Zu Beginn haben weder die Kugel noch der Wagen einen Impuls. Sobald die Kugel ihre Position verändert, versucht der Wagen, den Gesamtimpuls zu erhalten, indem er sich immer entgegengesetzt zur Kugel bewegt. Schwingt die Kugel auf ihrer Bahn nach rechts, fährt der Wagen nach links und umgekehrt. Damit bleibt der Gesamtimpuls immer bei null, und der Wagen pendelt hin und her.

Angetreten zum Kräftemessen! Denn auf dieser Waage wird nicht die Körpermasse gemessen, sondern die Kräfte, die aus allen Richtungen auf die Platte einwirkt – und die hängen davon ab, welche Bewegungen und Verrenkungen du machst!

Steht man auf der Messplatte, so misst diese die Gewichtskraft, die jeder Mensch aufgrund seiner Körpermasse auf die Platte ausübt. Sehen kann man diese Krafteinwirkung auf einem Bildschirm durch den roten Strich, der gleich mehreres über die ausgeübten Kräfte verrät. Zum einen zeigt er immer in Richtung unseres Schwerpunkts, der je nachdem, wie man auf der Platte steht, seine Position ändert. Das untere Ende des roten Strichs deutet auf die Stelle der Platte, an der die Gewichtskraft angreift. Seine Länge entspricht der Größe der Kraft, die auf die Messplatte wirkt. Das bedeutet: Je schwerer man ist, desto größer wird die Gewichtskraft, die auf die Platte drückt und umso länger wird der Strich. Schließlich zeigt er noch in die Richtung, aus der die Kraft auf die Messplatte wirkt. Springt man zum Beispiel seitlich von der Platte herunter, zeigt der Strich beim Abstoßen mit den Füßen für einen kurzen Moment in die jeweilige Sprungrichtung.

Das Diagramm neben dem Video zeigt den zeitlichen Verlauf der Krafteinwirkung auf die Messplatte. Springt man zum Beispiel auf der Platte rauf und runter, zeigt das Diagramm während der Sprungphase keine Krafteinwirkung an. Erst wenn man wieder landet, ist ein neuer Ausschlag zu sehen. Er ist im Vergleich zu vorher für kurze Zeit deutlich größer. Das liegt daran, dass man während des Fallens eine Beschleunigung erfuhr, sodass man beim Landen auf der Kraftmessplatte wieder abgebremst werden muss. Dabei übt man vorübergehend eine erheblich größere Kraft auf die Platte aus, als wenn man nur auf ihr steht.

Rohrpost

Du möchtest jemandem im Nachbarraum eine Nachricht schicken? Unsere Rohrpost machts möglich: Ein Knopfdruck genügt und ab geht die Post.

Sobald Du auf einem der ausliegenden Zettel deine Nachricht geschrieben hast, packst du ihn in eines der gelben Eier und verstaust dieses in die Rohranlage. Dann schließt du das Ende des Gebläseschlauchs an, und die Leitung ist geschlossen. Betätigst du nun den Taster auf dem Pult vor dir, wird Luft in das Rohr geblasen. Dadurch baut sich hinter dem Ei Druck auf. Ist dieser groß genug, beginnt sich das Ei zu bewegen und wird vom Luftstrom durch die Leitung geschoben. Hört der Luftstrom zwischendurch auf, bleibt das Ei einfach an Ort und Stelle liegen. Erst wenn wieder Luft durch die Leitung der Rohrpost strömt, bewegt es sich wieder weiter. Schließlich gelangt das Ei zum anderen Ende der Leitung.

Dort kann dann dein Freund, deine Mutter, dein Vater, deine Oma, dein Opa oder ein anderer Besucher deine Nachricht lesen.

Das System der Rohrpost wird auch heute noch in größeren Unternehmen benutzt, damit man Post oder Gegenstände, die innerhalb des Hauses transportiert werden sollen, nicht zu Fuß überbringen muss. Mit einer Rohrpost geht das Versenden bequem und viel schneller. Im 19. Jahrhundert wurden sogar große Städte wie London (1853), Wien (1875) oder Berlin (1876) mit einem Rohrpostnetz ausgestattet, dessen Betrieb in Berlin erst im Jahre 1963 offiziell wieder eingestellt wurde.

Zielwirbel

Eine Kerze auslöschen kann jeder, aber auch über einen Abstand von mehreren Metern? An dieser Station ist das kinderleicht, ihr müsst nur auf das Fell der Trommel schlagen.

Die Kerze wird nicht, wie häufig vermutet, durch die Schallwelle gelöscht, die durch den Trommelschlag ausgelöst wird. Dann müsste sie bereits nach wenigen hundertstel Sekunden aus sein. Tatsächlich erlischt die Kerze erst einige Zeit nach dem dumpfen Geräusch des Gummifells. Ursache dafür, dass die Flamme ausgeht, ist der Luftstrom, der an der Öffnung der Trommel entsteht, wenn man auf die andere Seite schlägt. Die Luft, die sich am Rand dieses Stroms befindet, hat viel Platz und kann sich nach außen ausbreiten. Dadurch wird sie langsamer als die Luft im Inneren der Strömung. Weil sich das Zentrum schneller als der äußere Rand bewegt, entsteht ein ringförmiger Wirbel, der für lange Zeit stabil bleibt. Er bewegt sich durch den Raum und pustet schließlich die Kerze aus.

Manche Raucher können einen solchen Rauchring mit dem Mund erzeugen. Dieser ist dann sehr schön zu beobachten. Auch beim Zielwirbel könnte man die Luftbewegung sichtbar machen, indem man die Trommel vorher mit Rauch füllt.

Windräder

In dem kleinen »Windpark« auf der oberen Dachterrasse der PHÄNOMENTA befinden sich zwei unterschiedliche Windräder. Jedes davon besitzt eine besondere Eigenschaft, die es für den Einsatz an bestimmten Orten und für bestimmte Tätigkeiten prädestiniert.

Auf der Terrasse im zweiten Obergeschoss befindet sich links ein Westernrad und rechts ein vierflügeliges Windrad. Das Westernrad (westernmill) wurde um das Jahr 1854 von Daniel Halladay für das windarme Binnenland Amerikas entwickelt. Es läuft schon bei geringen Windstärken an und erreicht bereits bei niedrigen Drehzahlen die maximale Leistung. Das wird möglich durch die vielen großen gebogenen, schaufelförmigen Flügel, die eine große Angriffsfläche für den Wind bieten. Zusätzlich besitzt das Westernrad ein Windleitblech, das das Rad automatisch in Windrichtung dreht. Dieses Blech wird Windfahne genannt. Wie in der PHÄNOMENTA dienen Westernräder traditionell dazu, Wasserpumpen anzutreiben.

Über eine ähnliche Bauweise verfügt auch das vierflügelige Windrad. Wie das Westernrad besitzt es eine horizontale Welle und eine Windfahne. Auch die Flügel des vierflügeligen Windrads bremsen die Luft ab und wandeln Windenergie in mechanische Energie um. Damit es anläuft, benötigt das vierflügelige Windrad jedoch eine wesentlich höhere Windgeschwindigkeit als Westernräder. Dafür erreicht es aber eine höhere Drehzahl und erzeugt damit mehr Energie als das Westernrad bei sonst gleichen Bedingungen. Vierflügelige Windräder eignen sich besonders zum Einsatz an windstarken Orten und werden häufig zur Energieerzeugung benutzt. Die größte Effizienz erreichen übrigens drei- oder zweiflügelige Windräder, weil sich ihre Flügel nicht gegenseitig ausbremsen.

Ball im Luftstrom

Ein bunter Wasserball schwebt wie von Zauberhand in der Luft. Nur ein Gebläse scheint dafür zu sorgen, dass er nicht herunterfällt. Aber anstatt den Ball einfach in den Raum zu pusten, klebt er regelrecht am Luftstrom – selbst dann, wenn ihr versucht, den Luftstrom mit den Händen zu beeinflussen.

Auf den Ball im Luftstrom wirken insgesamt drei Kräfte: zum einen die Gewichtskraft, die auf alle Körper auf der Erde wirkt, und zum anderen die Druckkraft der Luft, die aus dem Gebläse strömt. Würden aber nur diese beiden Kräfte wirken, so würde der Ball einfach in den Raum gepustet. Wie jedoch der schweizerische Mathematiker Daniel Bernoulli 1738 festgestellt hat, wirkt auf einen Körper, der sich in einem Luftstrom befindet, zudem eine Sogkraft senkrecht zur Luftstromrichtung. Diese entsteht dadurch, dass die dem Ball ausweichende Luft einen längeren Weg als den geraden zurücklegen muss. Um gleichzeitig mit den anderen Luftteilchen wieder zusammenzutreffen, muss die Luft dort schneller fließen.

Sobald der Ball nach unten aus dem Luftstrom fällt, ist er nur noch an der oberen Seite von der schnellen Strömung aus dem Gebläse umgeben. Hier ist die Dichte der Luft geringer und der Ball spürt einen Unterdruck, der ihn wieder nach oben in den Luftstrom hinein saugt. Diese drei Kräfte kompensieren sich an einer Stelle des Luftstroms gegeneinander zu null, sodass der Ball genau an dieser Stelle in der Luft schwebt. Ihr könnt sogar seine Lage und seine Bewegung im Luftstrom verändern, indem ihr euch von verschiedenen Seiten mit den Händen dem Ball nähert. Aber selbst dann kehrt der Ball immer wieder in seine Ausgangslage zurück.

Auto im Windkanal

In der Formel 1 haben zu groß geratene Spoiler schon für Skandale gesorgt, weil sie einem Team unrechtmäßige Vorteile verschaffen können. Warum? Sie drücken das Fahrzeug während der Fahrt auf die Straße und geben ihm damit Halt. Wie stark, kann man an dieser Station im Windkanal messen.

Wie beim Ball im Luftstrom bildet auch bei diesem Experiment die Wirkungsweise der Bernoulli-Gleichung die Erklärung des beobachteten Phänomens. Diese Gleichung besagt, dass, wenn ein Medium (hier: Luft) an einem Objekt (hier: das Auto) schnell vorbeiströmt, sich die Dichte des Mediums an den Oberflächen des Objekts ändert. Dort wo der Weg länger ist, hier also an der Oberseite des Autos, müssen die einzelnen Teilchen im Luftstrom schneller strömen. Dadurch wird die Dichte oberhalb des Autos geringer und es entsteht ein Unterdruck. Durch die Differenz zwischen dem Druck oberhalb und dem Druck unterhalb des Autos entsteht ein Auftrieb, der das Auto leichter macht.

Durch Anbringen der Modell-Spoiler ändert sich die Aerodynamik des Autos, d. h. der Weg der vorbeiströmenden Luft wird länger oder kürzer. Das hat zur Folge, dass das Auto mehr oder weniger auf die Straße drückt und damit besser oder schlechter auf der Straße haftet. Je nachdem, wie man die Spoiler anbringt, wird also die Gefahr höher oder geringer, dass das Auto den Boden unter den »Füßen« verliert und »abhebt«.

Klebeluft

Jeder, der schon einmal mit einem Flugzeug in den Urlaub geflogen ist, weiß, wie schön Fliegen sein kann. Aber warum fliegt das Flugzeug? Das zugrunde liegende Prinzip kann an dieser Station nachvollzogen werden. Denn drückt man die Scheibe von unten gegen den Luftstrom, beginnt sie ab einer bestimmten Höhe zu schweben – wie ein Flugzeug.

Dieses Phänomen beruht auf dem Bernoulli-Prinzip. Drückt man die Scheibe von unten gegen den Luftstrom, so weicht die Luft der Scheibe aus. Das kann sie aber nur längs der Oberflächen zwischen dem Gehäuse und der Platte. Damit dort alle Luft vorbeipasst, ohne einen Stau zu verursachen, muss sie schneller strömen. Dabei verringert sich die Dichte der Luft oberhalb der Scheibe im Vergleich zu der unterhalb und es entsteht ein Unterdruck. Die Scheibe wird nach oben gesaugt. Gleichzeitig wird sie von der ausströmenden Luft auch nach unten gedrückt. Befindet sich die Scheibe in dem Abstand, an dem sich beide Kräfte genau aufheben, schwebt sie in der Luft.

Ente unter Druck

Quietscheenten haben wirklich kein leichtes Leben: Oft werden sie in zu heißes Badewasser geworfen, ständig haben sie Seifenschaum in den Augen, und bei PHÄNOMENTA werden sie auch noch so unter Druck gesetzt, dass sie mehr und mehr zusammenknautschen. Wie kann man unsere Ente im Zylinder erlösen?

Unter dem Pedal im Sockel der Station befindet sich eine Fußpumpe, die bei jedem Treten des Pedals mehr Luft in den Acrylzylinder pumpt. Dadurch erhöht sich der Druck im Zylinder. Dieser Druckanstieg bewirkt, dass die Ente zusammengedrückt wird und sich so dem Luftdruck im Zylinder anpasst. Letztlich verbleibt aber ein kleiner Druckunterschied inner- und außerhalb der Ente, weil das Material, aus dem sie gefertigt ist, bereits einen geringen Teil des Druckanstiegs kompensiert.

Bei Betätigen des Entlüftungsknopfes kann die zusätzlich in den Zylinder gepumpte Luft aus diesem entweichen, und der Druck nimmt ab. Zeitgleich mit dieser Druckabnahme entspannt sich dabei die Ente, sodass sie wieder ihre ursprüngliche Form annimmt.

Einen derartigen Druckanstieg kann man auch bei Flugreisen oder beim Tauchen wahrnehmen. Denn durch das Aufsteigen oder Abtauchen erhöht sich der Umgebungsdruck, was man zuerst an den Ohren merkt.

MECHANIK

Hydraulikhocker

An dieser Station können selbst kleinere Kinder wesentlich schwerere Personen wie zum Beispiel ihre Eltern anheben. Entscheidend ist allerdings, wer sich auf welchen der drei Hocker setzt.

Die blauen Sitzflächen der drei Hocker sind jeweils auf einem sogenannten Hydraulikzylinder angebracht. Dieser besteht aus einem äußeren Zylinder, in dem sich ein beweglicher Kolben befindet. Im Zylinder befindet sich unter dem Kolben eine Flüssigkeit, vornehmlich ein Mineralöl. Heutzutage werden auch manchmal umweltverträgliche Fluide wie spezielle Ester oder Glykole oder aber Wasser verwendet. Der Hydraulikzylinder ist also ähnlich einer Spritze aufgebaut, die auf dem Boden festgeschraubt wurde. Wird nun zusätzlich Flüssigkeit von unten in den Hydraulikzylinder gedrückt, übt das einen Druck auf den beweglichen Kolben aus. Jener versetzt den Kolben in eine lineare Bewegung nach oben. Wird hingegen Flüssigkeit aus dem Zylinder hinausgedrückt, fällt der Kolben langsam nach unten.

Die Hydraulikzylinder, die hier als Hocker dienen, sind über Schläuche ringförmig miteinander verbunden, sodass sie die Flüssigkeit untereinander austauschen können. Setzt man sich nun auf einen der drei Hocker, beginnt dieser nach unten zu sinken. Weil das Öl aus dem einen Hydraulikzylinder in die beiden anderen gedrückt wird, steigen diese gleichzeitig nach oben. Je nachdem welchen Hocker man benutzt, sinkt man schneller oder langsamer ab, weil die einzelnen Kolben in den Hydraulikzylindern unterschiedliche Durchmesser haben und sich der Druck antiproportional zur Fläche des Kolbens verhält.

Aus dem gleichen Grund kann man auch Personen mit wesentlich größerem Gewicht auf den Hydraulikhockern anheben. Dazu muss man selbst den Hocker benutzen, dessen Hydraulikzylinder den kleinsten Durchmesser aufweist. Denn dann übt man den größtmöglichen Druck auf die Hydraulikflüssigkeit aus. Setzt sich nun eine schwerere Person auf einen der anderen Hocker, ist der Durchmesser des Zylinders größer. Trotz des größeren Gewichts ist der Druck geringer. Damit in allen Hydraulikzylindern der gleiche Druck ist, bleibt der Hocker, der den geringeren Druck ausübt, oben. Dadurch wird es möglich, dass sich auch eine schwerere Person nach oben bewegt.

Hydraulische Systeme werden heute vor allem bei Land- oder Baumaschinen zum Heben von schweren Lasten benutzt. Sie haben den Vorteil, dass man mit geringem Kraftaufwand schwere Lasten exakt und gleichmäßig heben kann.

Drehstuhl

Auf dem Drehstuhl darf man sich ein wenig wie ein Weltraumsatellit vorkommen: Man sitzt so hoch und isoliert, dass man sich weder mit den Händen noch mit den Füßen irgendwo abstützen kann. Wie soll man so seine Lage ändern, um in die andere Richtung zu schauen? Ganz einfach: mit dem drehenden Rad in den Händen. Der Weltraumsatellit macht es genauso!

Das hat mit dem Drehimpulserhaltungssatz zu tun, der auf den englischen Physiker Isaac Newton zurückgeht. Er besagt, dass der Gesamtdrehimpuls eines abgeschlossenen Systems (hier: Besucher samt Drehstuhl) stets konstant bleibt, solange es nicht von außen beeinflusst wird. Setzt man nun das aufrecht gehaltene Rad in Bewegung, so hat es einen Drehimpuls, der zunächst das System Stuhl und Besucher unbeeinflusst lässt. Dreht man die Achse des rotierenden Rads jedoch aus der Horizontalen in die Vertikale, so ändert sich der Drehimpuls des Systems. Um den Gesamtdrehimpuls auf Null zu halten, beginnt sich der Drehstuhl in entgegengesetzter Richtung des Rades zu drehen. Dreht man das Rad wieder in die Ausgangsposition zurück, so bleibt auch der Stuhl stehen.

Je nachdem, ob man das Rad nach links oder rechts neigt, dreht man sich entweder gegen oder mit dem Uhrzeigersinn. Das liegt daran, dass die Drehung des Stuhls stets der des Rades entgegengesetzt ist. So ist es möglich, sich in beide Richtungen zu drehen.

Eulers Disk

Beim gewöhnlichen Münzendrehen ist das Vergnügen meist nur von kurzer Dauer. Die Münzen verlieren schnell an Energie und hören ziemlich bald auf, zu rotieren. Dreht man hingegen diese Scheibe auf ihrer Kante, so scheint sie gar nicht mehr aufhören zu wollen. Ganz im Gegenteil: Sie drehen sich sogar von Sekunde zu Sekunde schneller.

Die Scheibe, die hier verwendet wird, ist aus Edelstahl. Anders als bei einer gewöhnlichen Geldmünze sind ihre Oberflächen stark poliert, sodass sie fast keinen Widerstand mehr bieten. Die Glasplatte auf dem Tisch bietet ebenfalls weniger Widerstand als zum Beispiel eine Tischplatte aus Holz. Dreht man nun die Scheibe auf dem Glas an, so verliert sie fast keine Energie durch Reibung. Sie rollt und rollt und rollt, immer schneller und schneller, bis sie nur noch zu vibrieren scheint und das Geräusch einer anlaufenden Turbine macht. Das ungewöhnliche Schauspiel endet erst nach knapp zwei Minuten abrupt mit einem Knall.

Drehplatte

Jeder kennt das Phänomen, bei einer Kurvenfahrt im Auto nach außen gedrückt zu werden. Diesen rollenden Scheiben ergeht es auf der Drehplatte offensichtlich anders: Sie werden nicht nach außen fortgeschleudert, sondern bewegen sich auf der Platte stabil rollend im Kreis.

Stellt oder legt man die Scheiben auf die sich drehende Platte, rutschen sie schnell von ihr herunter. Nimmt man aber eine Scheibe locker zwischen zwei Finger, lässt sie auf der Drehplatte so lange drehen, bis sie ihre Endgeschwindigkeit erreicht hat und lässt sie dann los, wird die Scheibe stabil auf der Drehplatte rollen. Die dabei hervorgerufene Drehung der Scheibe um sich selbst und um den Mittelpunkt der Drehplatte verursacht verschiedene Drehimpulse und Kräfte, die auf die Scheibe wirken.

Erstens entsteht ein Drehimpuls durch die Rotation der Scheibe um ihren Mittelpunkt. Dieser wird auch Eigendrehimpuls genannt. Zweitens besitzt die Scheibe einen weiteren Drehimpuls, der durch die kreisende Bewegung der Scheibe um den Mittelpunkt der Drehplatte entsteht, welcher auch Bahndrehimpuls genannt wird. Drittens wirkt eine Kraft auf die Scheibe, die zum Mittelpunkt der Drehplatte gerichtet ist. Diese Kraft heißt Zentripetalkraft und wird von der Drehplatte ausgeübt. Sie hält die Scheiben bei ihren Kreisbewegungen um den Mittelpunkt der Platte auf ihrer Bahn.

Für den Eigendrehimpuls gilt das Gesetz über die Erhaltung des Drehimpulses. Es beschreibt die Ursache für die stabile aufrechte Stellung der Scheiben und besagt, dass der aufgenommene Eigendrehimpuls der Scheiben erhalten bleibt, solange man von außen keinen Einfluss auf sie nimmt. Das bedeutet, dass die Scheiben nicht umfallen können, weil der Eigendrehimpuls dann nicht erhalten bliebe.

Allerdings sind die exakten Bewegungsabläufe der einzelnen Scheiben über einen längeren Zeitraum nicht vorherzusagen. Hier zeigt sich ähnlich wie beim Rott'schen Pendel ein chaotisches Verhalten. Das heißt, dass die Bewegungen der Scheiben von vielen Faktoren abhängen, die sich zu jeder Zeit ändern und jedes Mal einen ganz individuellen Bewegungsablauf verursachen. Einzig sicher ist, dass die Drehplatte irgendwann stoppt. In diesem Moment hört die Zentripetalkraft auf zu wirken, was zur Folge hat, dass die Scheiben von der Drehplatte herunterrollen.

Rott'sches Pendel

Fängt es sich erst einmal an zu drehen, vollführt dieses ungewöhnlich aussehende Pendel die unterschiedlichsten Bewegungen, die man nicht mehr vorherzusehen vermag.

Das Rott'sche Pendel besteht aus einem großen T-förmigen Pendel, das an den Enden seiner Schenkel weitere kleine Pendel trägt. Versetzt man diese mehrteilige Figur in Rotation, beschreiben ihre Bauteile Bahnen, die man nicht mehr vorhersagen kann. Man spricht von sogenanntem chaotischen Verhalten. Chaotisch bedeutet im physikalischen Sinn »über einen längeren Zeitraum nicht mehr vorhersagbar« und hat nichts mit umgangssprachlichen Bedeutungen wie unordentlich oder zufällig zu tun. Denn die betreffenden Vorgänge laufen durchaus nach festen Regeln ab. Nur sind die Abläufe stark von den wechselhaften, ständig neuen und langfristig nicht vorhersehbaren Bedingungen abhängig. Dabei nehmen zahlreiche Aspekte wie Erschütterungen oder einfach nur Temperaturänderungen Einfluss auf die Bewegungen.

Beim Rott'schen Pendel wird während der verschiedenen Bewegungen zwischen den einzelnen Bauteilen des Pendels ständig Energie ausgetauscht. Dabei überträgt das große T-Pendel seine kinetische Energie auf die kleineren, die aufgrund ihrer geringeren Masse sehr große Drehgeschwindigkeiten erfahren. Durch diese Drehbewegungen der kleinen Teile greifen wiederum viele wechselnde Drehmomente am großen »T« an, die eine unregelmäßige Bewegung verursachen. Ein Beobachter ist nicht mehr in der Lage vorherzusagen, welche Bewegungen sich als nächstes anschließen. Einzig und allein sicher ist, dass das Pendel irgendwann aufgrund von Energieverlusten durch Reibung in seine Ruhelage zurückkehrt.

Chaotische Vorgänge findet man häufig auch im täglichen Leben: Staus, die unvorhersehbar auf Autobahnen entstehen, oder das Wetter. Zwar sind wir heute in der Lage, das Wetter für einige Tage vorherzusagen. Trotzdem können sich die Voraussetzungen für diese Prognosen schnell ändern, sodass das Wetter immer wieder für Überraschungen sorgt.

Rollenwettlauf

Lasst die Rollen alle gleichzeitig die schiefe Ebene herunterrollen. Ihr werdet bald bemerken, dass sie trotz gleichen Gewichts alle unterschiedlich schnell sind.

Lässt man alle Rollen gleichzeitig starten, so ist die Hantel am schnellsten, der Zylinder wird immer zweiter sein und als letztes kommt das Rohr ins Ziel. Dafür sind die unterschiedlichen Trägheitsmomente der Gegenstände verantwortlich und nicht, wie man zunächst vermuten könnte, die Reibung der Rollen mit der schiefen Ebene oder der Luftwiderstand der Körper.

Das Trägheitsmoment beschreibt die Massenverteilung um eine bestimmte Drehachse herum. Dabei gilt, je größer der Abstand der Masse zur Achse ist, desto größer ist auch das Trägheitsmoment. Und umso schwieriger wird es, die Rolle in Bewegung zu setzen.

Für den Rollenwettlauf gilt, je kleiner das Trägheitsmoment ist, desto schneller rollt die jeweilige Rolle die schiefe Ebene herunter und umso früher ist sie im Ziel.

Weil bei der Hantel die Masse ziemlich zentriert um die Drehachse angebracht ist, ist ihr Trägheitsmoment geringer als beim Zylinder. Bei ihm ist das Gewicht gleichmäßig von der Mitte bis nach außen verteilt. Am größten ist das Trägheitsmoment beim Rohr, weil hier die Masse am weitesten von der Drehachse entfernt ist. Somit ergibt sich bei jedem fairen Start die oben beschriebene Platzierung der Rollen.

Das Trägheitsmoment kann man leicht am eigenen Körper spüren, wenn man auf einem Drehstuhl sitzt. Streckt man hier während der Drehung die Arme und Beine aus, dreht man sich langsamer, als wenn man sie anwinkelt. Das liegt daran, dass man durch Strecken und Anziehen der Beine sein eigenes Trägheitsmoment ändert.

Wirbeltrichter

Jeden Morgen könnt ihr in einen Wirbeltrichter schauen, wenn ihr beim Frühstück euren Kakao, Tee oder Kaffee umrührt. Mit Hilfe dieser Wassersäule könnt ihr das Phänomen einmal genauer unter die Lupe nehmen.

Durch Drehen der Kurbel bewegt sich das Flügelrad in der Wassersäule und versetzt das Wasser in Bewegung. Begrenzt durch die Plexiglassäule, wird es auf eine Kreisbahn gezwungen, wo das Wasser der Fliehkraft unterliegt. Ähnlich wie die Personen in einem Auto, das durch eine Kurve fährt, wird das Wasser durch die Fliehkraft nach außen gedrückt. Dadurch entsteht in der Mitte der Wassersäule ein Unterdruck, der das Wasser absinken lässt, und in den äußeren Bereichen ein Überdruck, sodass das Wasser dort in die oberen Schichten ausweicht und der Wasserspiegel steigt. Ein Wirbeltrichter bildet sich aus.

Je schneller nun das Wasser durch das Flügelrad bewegt wird, desto stärker formt sich der Trichter aus. Der Unterdruck in der Mitte und der Überdruck am Rand werden mit steigender Geschwindigkeit größer. Das Wasser sinkt bzw. steigt dementsprechend stärker.

Dadurch, dass das Wasser träge ist, bewegt es sich auch nach Stoppen des Flügelrades zunächst weiter und verliert nur langsam an Geschwindigkeit. Der Trichter ist also noch zu sehen, während sich die Kurbel schon lange nicht mehr dreht. Selbst in der Kaffee-, Tee- oder Kakaotasse ist der Trichter noch zu sehen, wenn der Löffel schon längst wieder neben dem Becher liegt.

Auch Tornados und Hurrikane sind Wirbeltrichter mit mehreren Kilometern Durchmesser. Sie entstehen ebenfalls durch Druckunterschiede, die in der Natur durch unterschiedliche Temperaturen verursacht werden.

MECHANIK

Wellenbecken

An dieser Station kannst du beobachten, wie Wellen auf dem Meer entstehen, und das sogar in »Zeitlupe«.

Das Becken, in dem die Welle erzeugt wird, ist zur Hälfte mit blau eingefärbtem Wasser und zur anderen Hälfte mit Petroleum gefüllt. Im Ruhezustand bildet sich zwischen diesen beiden Flüssigkeiten eine Grenzschicht: Das Wasser befindet sich unten, das leichtere Petroleum – seine Dichte beträgt nur das 0,8-Fache der Dichte von Wasser – oben.

Mit Hilfe der kleinen Kurbel an der Seite der Station lässt sich die Wanne kippen. Da Flüssigkeiten immer bestrebt sind, ihre Oberflächen parallel zur Erdoberfläche auszurichten, beginnt das Wasser bergab zu fließen und verdrängt dabei das leichtere Petroleum. Das Petroleum wiederum fließt bergauf, um den Platz des Wassers einzunehmen. Beim Vorbeifließen der beiden Flüssigkeiten aneinander entstehen leichte Kräuselungen an der Trennschicht – die ersten Vorboten einer Welle. Erhöht sich die Fließgeschwindigkeit des Petroleums, lassen sich allmählich längere Wellenzüge erkennen, bis hin zu richtigen »Brechern«, die wie Wellen auf dem Meer brechen und in ganz viele Wassertropfen zerfallen.

Auf dem Meer ist die Luftströmung über der Wasseroberfläche verantwortlich für die Wellenentstehung. Das Entstehungsprinzip ist hier genau das gleiche wie im Wellenbecken. Nur läuft es sehr viel schneller als im Wellenbecken ab. Das liegt daran, dass die Dichte von Luft sehr viel geringer ist als die des Petroleums und die Luft sich deshalb leichter und vor allem schneller vom Wasser verdrängen lässt als das Petroleum im Wellenbecken.

Pendeltisch Lissajous

An dieser Station entstehen die tollsten Bilder und das ganz, ohne einen Stift in die Hand zu nehmen. Man muss dazu nur ein Blatt Papier auf die Tischplatte legen, diese in schwingende Bewegung versetzen und dann oben auf den Stifthalter drücken.

Die Bilder, die hier entstehen, heißen Lissajous-Figuren. Benannt werden sie nach dem Physiker Jules A. Lissajous (1822–1880), der sie als erster untersuchte. Durch die Bewegung der frei schwingenden Tischplatte wird das Blatt Papier unter dem Stift hergeführt. Schwingt der Tisch nach vorne, macht der Stift einen Strich nach hinten. Bewegt sich die Platte nach rechts, macht der Stift einen Strich nach links. Überlagert man diese beiden Bewegungsrichtungen, d. h. finden sie gleichzeitig statt, ergibt sich ein schräger Strich. Erfolgen die Schwingungen nacheinander, entstehen Kurven oder sogar Kreise. Die Dauer der Schwingungen bringt zusätzliche Variationen in die entstehenden Bilder.

Theoretisch würden diese Schwingungen nie enden. Tatsächlich verlieren sie aber durch Luftreibung und durch Reibung des Stiftes auf dem Papier an Energie. In der Physik spricht man hier von einer gedämpften Schwingung. Dadurch werden die Figuren immer kleiner und ineinander verschachtelter.

Beim Pendeltisch kommt noch eine Besonderheit hinzu. Neben den zwei genannten Schwingungen gibt es noch eine dritte: die Drehschwingung. Dabei dreht sich die Platte um ihre Mitte. Die Schwingungsdauer dieser Bewegung kann durch die Gewichte beeinflusst werden, während die beiden anderen Schwingungsarten davon unbeeinflusst bleiben.

MECHANIK

Torsionswelle

Wird in dieser riesigen Konstruktion aus Metallstäben und Glasscheiben ein einzelner Stab in eine andere Richtung gedreht, überträgt sich diese Auslenkung nach und nach auf die anderen Stäbe. Es entsteht eine majestätische Welle, die von dem Punkt der ersten Auslenkung ausgehend gleichzeitig nach oben und unten läuft.

Diese Station ist eine der größten in der PHÄNOMENTA. Sie ist über vier Stockwerke zwischen Boden und Decke im Aufzugschacht gespannt und kann gut durch die gläserne Rückwand der Aufzugkabine betrachtet werden. Die Torsionswelle besteht aus waagerechten Stäben, die in ihrer Mitte an einem Band aus Federstahl befestigt sind. An ihren Enden befinden sich als Gewicht runde farbige Acrylglasscheiben.

Lenkt man einen Stab der Torsionswelle aus, verdreht man das Metallband, das die einzelnen Schwinger miteinander verbindet. Diese Verformung breitet sich über das Metallband gleichzeitig nach oben und unten aus, sodass nach und nach alle Stäbe der Drehung des ersten folgen. Es entsteht eine Welle, die sich entlang des Stahlbandes bewegt. Während dieses Prozesses wird beständig Energie zwischen Metallband und Schwinger ausgetauscht. Bei Drehung des ersten Stabes und der damit verbundenen Verformung des Metallbandes fügt man dem System aus Band und Schwingern Spannenergie zu. Diese breitet sich über das Metallband aus und wird dabei in Bewegungsenergie der Stäbe umgewandelt. Trifft die Welle auf die Aufhängung am Boden und an der Decke, kann die Energie nicht mehr weitergegeben werden. Stattdessen wird die Verformung des Bandes an Decke und Boden reflektiert und die Stangen bewegen sich nun in umgekehrter Reihenfolge nach und nach wieder zurück in ihre Ausgangslage. Wie sich die Welle zuvor nach oben und unten ausgebreitet hat, läuft sie nun auf die Mitte zu. Treffen beide Bewegungen von Boden und Decke aufeinander, überlagern sie sich und laufen durch einander durch.

Irgendwann verebbt die Welle aufgrund von Energieverlusten durch Reibung in der Luft und an den Punkten der Aufhängung und durch Wärme, die bei der Verformung des Metallbandes freigesetzt wird. Dem kann man entgegenwirken, indem man den ersten Stab kontinuierlich anregt. Dabei fügt man dem System beständig Energie zu, die den erwähnten Energieverlust kompensiert.

Auch in der heutigen Technik kommen Torsionswellen vor. So besitzen Kurbelwellen von Zwölfzylindermotoren Schwingungsdämpfer, um Torsionsschwingungen und damit eine Zerstörung des Motors zu vermeiden.

Schwingende Blattfeder

Hier kann man über eine kleine Kurbel ein dünnes Metallband zum Schwingen bringen. Diese sogenannte Blattfeder ist über zwei Seile mit einem Gewicht verbunden, das sich auf und ab bewegen kann. Je nachdem wie schnell man an der Kurbel dreht, lassen sich drei verschiedene Abläufe beobachten.

In diesem Versuch hat man es mit einem schwingungsfähigen System zu tun. Das bedeutet, dass die Kombination aus Blattfeder und Gewichtsstück kurzzeitig aus ihrer stabilen Gleichgewichtslage ausgelenkt werden kann. Dabei ist mit Gleichgewichtslage die Ausgangslage gemeint, in der sich die Blattfeder und das Gewichtsstück ganz zu Beginn befinden.

Dreht man an der Handkurbel, so regt man die Blattfeder in der Mitte an. Die Feder bewegt sich dort auf und ab. Diese Bewegung überträgt sich auf ihre Enden und dann über die Seile auf das Gewichtsstück, welches sich dann auch auf und ab bewegt. Dreht man zunächst langsam an der Kurbel, folgt das Gewichtsstück der Bewegung der Feder. Hier ist die Auslenkung der Feder und des Gewichts proportional zur Beschleunigung durch den Kurbelantrieb. Man spricht in diesem Fall von einer harmonischen Schwingung.

Dreht man die Handkurbel etwas schneller, bewegen sich die Blattfeder und das Gewicht völlig unregelmäßig. Manchmal bewegt sich die Feder schneller nach unten als das Gewichtsstück, oder das Gewicht bewegt sich schneller nach oben als die Feder. Das liegt daran, dass das Seil nur Zugkräfte und keine Schubkräfte übertragen kann. In diesem Fall bewegen sich das Gewichtsstück und die Feder also fast entkoppelt.

Dreht man die Handkurbel noch etwas schneller, bewegt sich irgendwann nur noch die Mitte der Feder auf und ab und ihre Enden und das damit verbundene Gewichtsstück verharren in einer Position. In diesem Fall bewegt sich die Feder wieder harmonisch, das heißt auch hier ist die Auslenkung der Feder proportional zur Beschleunigung durch den Kurbelantrieb. Im Unterschied zum ersten Fall ist jetzt die gesamte Energie in der Feder gespeichert und wird nicht mehr über die Seile an das Gewicht weitergegeben.

Stehende Welle

Wie entsteht eigentlich bei einer Geige, einer Gitarre oder einem Klavier der Ton, der zu hören ist, wenn man die Saite streicht, zupft oder eine Taste anschlägt? Und warum gibt es so viele verschiedene Töne? Einen Ton erzeugt das sich hier drehende Seil zwar nicht, aber es formt eine stehende Welle, die auch bei Musikinstrumenten entsteht und dort die Töne bildet.

Mit Hilfe eines kleinen Motors wird ein Seil in schwingende Bewegung gebracht. Die dabei entstehenden »Bäuche« und »Knoten« – so nennt man die Stellen, an denen das Seil maximal ausschlägt bzw. ruht – sind Teile einer stehenden Welle. Mit diesem Begriff beschreibt man die Überlagerung zweier Wellen, die mit gleicher Frequenz und gleicher Schwingungsweite (Amplitude) in entgegengesetzter Richtung laufen. Das passiert zum Beispiel dann, wenn eine hinlaufende Welle an einem Hindernis reflektiert wird und wieder in die entgegengesetzte Richtung zurückläuft. Dann überlagern sich die beiden Wellen und es entsteht eine Schwingung mit Bäuchen und Knoten an gleichbleibenden Stellen.

Wenn man die Seilspannung oder die Rotationsgeschwindigkeit ändert, kann eine unterschiedliche Anzahl von Knoten und Bäuchen eingestellt werden. Die stehende Welle mit nur einem Bauch wird als Grundschwingung bezeichnet. Alle übrigen Wellen heißen Oberschwingungen und besitzen immer eine vielfache Anzahl von vollständigen Bäuchen und Knoten.

Stehende Wellen sind auch bei sämtlichen Saiteninstrumenten, wie z.B. Gitarren, Geigen oder Klavieren zu beobachten. Die schwingende Saite und der mit ihr verbundene Resonanzkörper versetzen die Luft in Schwingungen, die dann als Ton zu hören sind. In der Akustik wird die Grundschwingung als Grundton bezeichnet. Alle übrigen Wellen sind die Obertöne.

Wärmepumpe

Ein Kühlschrank muss jeden Tag hart arbeiten. Ständig bekommt er neue Sachen, die er kühlen soll. Sobald die Tür geöffnet wird, kann zusätzlich noch die kalte Luft entweichen. Wieso er dann an der Rückseite warm wird, das lernt man an dieser Station ganz ohne Steckdose.

Luft steht uns überall als Wärmequelle zur Verfügung. Sie kann jederzeit und ohne Genehmigung verwendet werden. Genau das wird bei einer Wärmepumpe als Heizung oder bei einem Kühlaggregat im Kühlschrank ausgenutzt. Bei beiden Systemen gibt es eine Seite, die warm wird, und eine, die sich abkühlt. Die verwendeten Bauteile sind weitgehend vergleichbar. Der Unterschied liegt nur darin, dass bei der Heizung die warme Seite zur Wärmegewinnung und bei dem Kühlschrank die kalte Seite zur Kühlung eingesetzt wird.

Die Leitungen, die die verschiedenen Bauteile miteinander verbinden, bilden einen geschlossenen Kreislauf für das Kältemittel. Dieses übernimmt als Arbeitsmedium die Aufgabe, die Wärme zu übertragen und zu transportieren. Zur besseren Unterscheidung sind in unserem Experiment die einzelnen Bereiche farblich gekennzeichnet.

Der eigentliche Wärmegewinn findet im Verdampfer (blau) der Wärmepumpe statt. Hier macht man sich die Eigenschaft des flüssigen Kältemittels zunutze, das schon bei extrem niedrigen Temperaturen kocht und verdampft. Es kühlt sich dabei ab und durch den anschließenden Wärmeaustausch mit der Umgebungsluft wird die aufgenommene Energie im Kältemittel gespeichert. Das Volumen des nun wärmeren und gasförmig gewordenen Kältemittels wird im nachgeschalteten Verdichter (weiß) verringert. Hierbei steigt der Druck und somit auch die Temperatur des Kältemittels stark an. Das heiße Kältemittel strömt weiter zum Verflüssiger (rot), einem Wärmetauscher, in dem die gewonnene Wärme wieder an die Umwelt abgegeben wird. Das durch Abkühlung wieder flüssig gewordene Kältemittel kann nach Druck- und Temperaturabsenkung durch das Expansionsventil erneut Wärme aus der Umwelt aufnehmen, und der Kreislauf beginnt von Neuem.

Wärmewahrnehmung

Wer im Schwimmbad vorher kalt duscht, friert im Wasser nicht so schnell. Hier legt ihr eure beiden Hände auf zwei verschieden warme Metallplatten. Wie fühlt sich danach die dritte Platte an?

Der Mensch hat kein absolutes Wärmeempfinden, d.h. er kann Temperaturen nicht auf eine Zahl genau bestimmen, sondern nur Unterschiede feststellen. Diese gefühlten Unterschiede fallen stärker bzw. schwächer aus, je größer bzw. kleiner der Unterschied tatsächlich ist.

Legt man die Hände also nun auf die zwei unterschiedlich warmen Platten der Station, kühlen sie verschieden aus.

Berührt man dann anschließend mit beiden Händen die dritte Platte, fühlt man auch hier unterschiedliche Temperaturen, obwohl die Platte einheitlich temperiert ist. Das liegt daran, dass die beiden Hände nicht mehr gleich warm sind und der Unterschied im ersten Augenblick von jeder Hand entsprechend anders wahrgenommen wird.

Begehbarer Bogen

Stein für Stein muss diese Brücke aufgebaut werden, jedoch steht kein Mörtel zur Verfügung, der die Holzbausteine zusammenhält.

Die Technik, die hier zum Bogenbau benutzt wird, kannten und verwendeten schon die Römer. Dabei beruht der Halt auf folgendem Phänomen: Die Steine sind nicht rechteckig, sondern keilförmig zugeschnitten. Setzt man sie mit Hilfe der beiden Formteile zu einem Bogen zusammen, zeigen alle Fugen zum Mittelpunkt des Bogens. Der Bogen selbst hat die – spiegelverkehrte – Form einer durchhängenden Kette. Betritt man die Brücke jetzt in der Mitte, so wird die Kraft, die dabei auf den Bogen wirkt, über die einzelnen Steine nach außen an die beiden Widerlager abgeleitet. Weil diese fest mit dem Untergrund verbunden sind, können sie die Kraft kompensieren und die Brücke damit zusammenhalten.

Auch in der Natur kommt diese Technik zur Anwendung. Eierschalen sind aufgrund ihrer bogenähnlichen Form nur schwer zu zerdrücken. Das ist vor allem wichtig, wenn sich die Henne zum Brüten auf die Eier setzt. Von innen kann das Ei jedoch leicht aufgebrochen werden, sodass das Küken schlüpfen kann.

Satz des Pythagoras

Bei diesem Exponat wird einer der wichtigsten Sätze der Mathematik anschaulich dargestellt – und das ganz ohne Formeln und Zahlen. Ihr müsst nur die Scheibe in die richtige Position drehen.

Zwischen zwei Acrylglas-Scheiben ist ein gelbes, rechtwinkeliges Dreieck eingearbeitet. An jeder Seite des Dreiecks befindet sich ein Quadrat, dessen Kantenlängen der jeweiligen Seitenlänge des Dreiecks entspricht. Diese Quadrate sind mit einer blauen Flüssigkeit gefüllt und miteinander verbunden, sodass die Flüssigkeit je nach Drehung der Scheibe von einem Quadrat in ein anderes fließen kann. Bei richtiger Einstellung kannst du beobachten, dass der gesamte Inhalt des größten Quadrates – nämlich das, das dem rechten Winkel gegenüberliegt – in die zwei kleineren Quadrate passt und umgekehrt.

Genau das beschreibt der berühmte Satz des Pythagoras: Er besagt, dass in einem rechtwinkeligen Dreieck das Quadrat der Seite, die dem rechten Winkel gegenüber liegt (die Hypotenuse) gleich der Summe der Quadrate der beiden anderen Seiten (den Katheten) ist: $a^2 + b^2 = c^2$.

Die Umkehrung dieses Satzes haben schon die alten Ägypter für ihre weltberühmten Bauten und für Landschaftsvermessungen gebraucht. Sogenannte Seilspanner nutzten dafür die Tatsache aus, dass ein Dreieck, das die obige Gleichung erfüllt, zwischen seinen beiden kürzeren Seiten einen rechten Winkel einschließt. Mit Hilfe von Zwölfknotenschnüren – das sind Bänder, die durch Knoten in zwölf gleich lange Stücke unterteilt sind – war es ihnen möglich, ein Dreieck mit den Seitenverhältnissen 3:4:5 zu erzeugen. Diese Zahlen erfüllen den Satz von Pythagoras ($3^2 + 4^2 = 5^2$), sodass die beiden kürzeren Seiten dieses Dreiecks einen rechten Winkel einschließen. Damit war es den Ägyptern bereits einige Jahrhunderte vor Christus möglich, exakte rechte Winkel zu bestimmen. Auch die Inder nutzten dieselbe Technik, nur mit den anderen Seitenverhältnissen 15:36:39.

MECHANIK

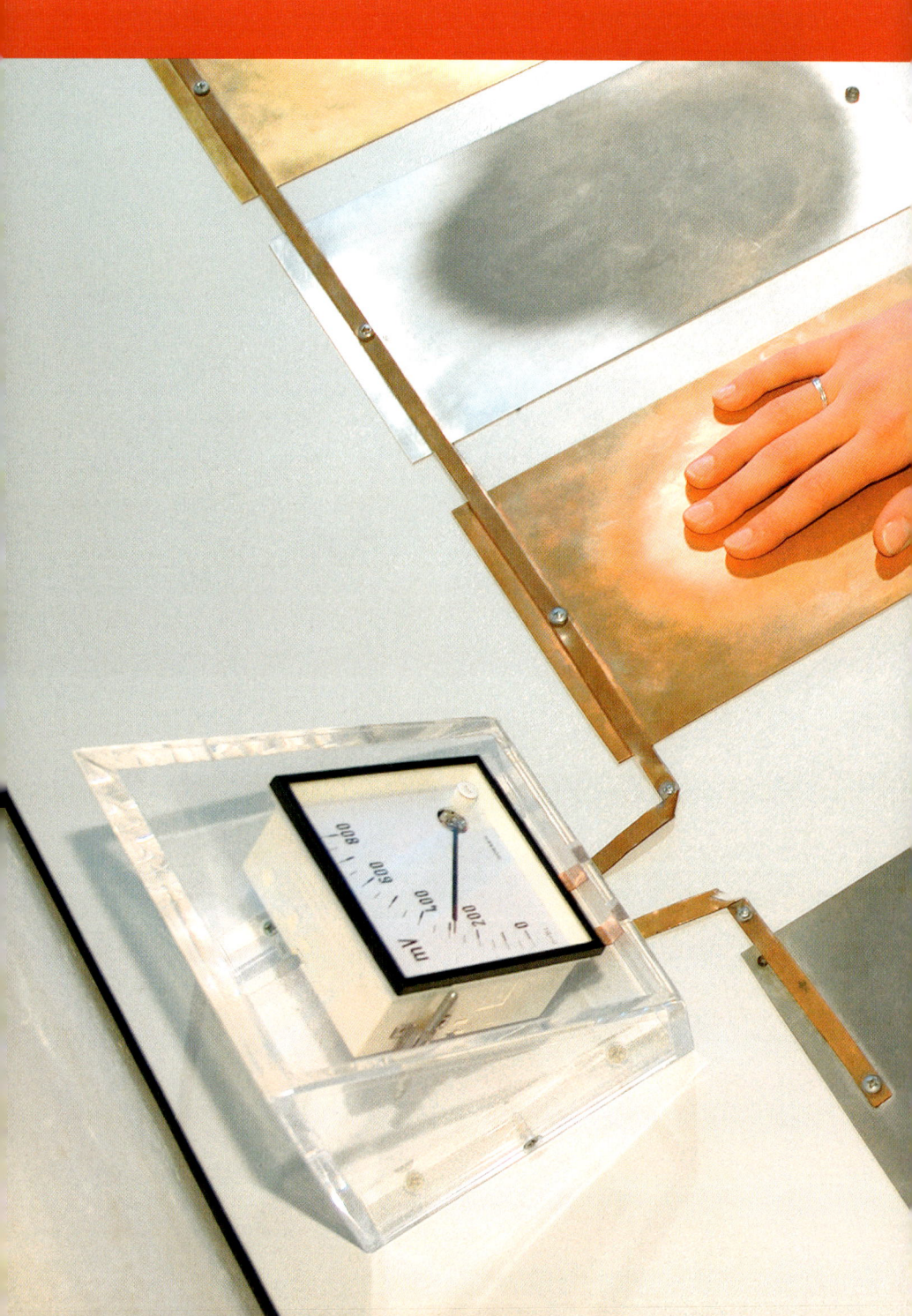

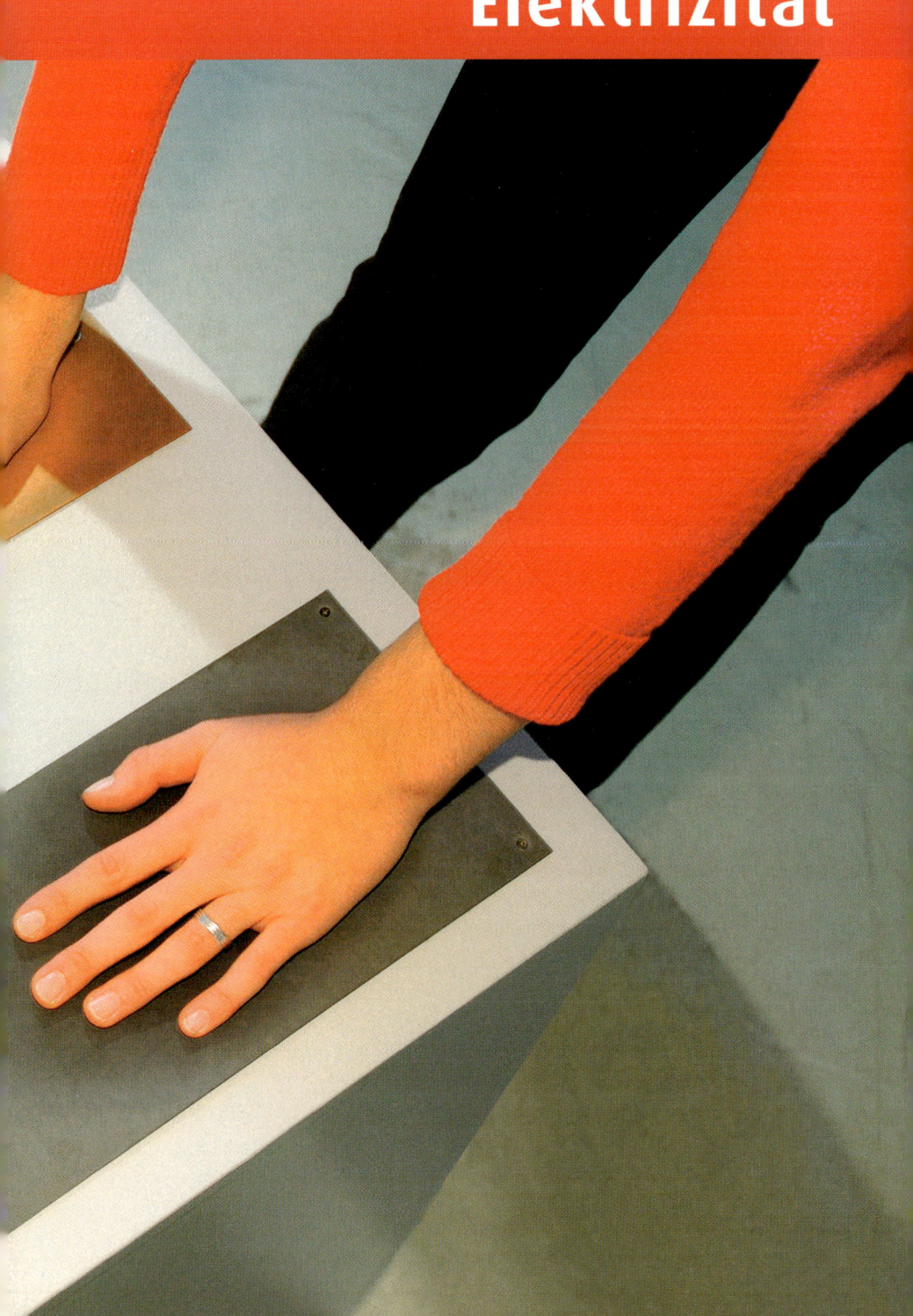

Elektrizität –
Physik mit Spannung

Ohne Elektrizität wäre unser heutiges Leben nicht mehr denkbar. Bereits kurzzeitige Stromausfälle sorgen für größtes Chaos. Computer, Kühlschränke, Radios, Fernseher funktionieren nicht mehr, Wasserpumpen, Straßenbahnen und Züge fallen aus. Und das sind nur einige wenige Beispiele aus unserem Alltag, die auf die Energie aus dem elektrischen Strom angewiesen sind.

Diese vom Menschen heute völlig selbstverständlich genutzten technischen Errungenschaften sind aus einer Elektrizitätslehre gewachsen, die einst mit spielerischen Experimenten an geriebenem Bernstein begann. Dabei sind einige ihrer wichtigsten Entdeckungen fast zufällig gemacht worden. So steiß der italienische Arzt Luigi Galvani 1780 beim Sezieren von Froschschenkeln auf die Erzeugung von elektrischem Strom durch den Kontakt zweier Drähte aus verschiedenen Materialien, wie etwa Kupfer und Zink. Diese Entdeckung führte 1800 zum Bau des ersten galvanischen Elements durch den Italiener Alessandro Volta. Mit ihm konnte man Ströme erzeugen, die eine Magnetnadel ablenken, was der dänische Physiker Oersted 1820 während einer Vorlesung zufällig beobachtete. So wurde die Brücke zum Magnetismus geschlagen. Auf Grundlage der Untersuchungen zur Anziehungskraft positiver und negativer Ladungen durch den Franzosen Coulomb und zum Elektromagnetismus durch seinen Landsmann Ampère konnte schließlich James Clerk Maxwell 1864 elektromagnetische Wellen voraussagen, die 1887 von Heinrich Hertz tatsächlich gefunden wurden. Damit konnte das erste Mal eine Verknüpfung zwischen Elektrizität und Magnetismus hergestellt werden.

Heute versteht die Physik unter der Elektrizitätslehre die Beschäftigung mit ruhender (»Elektrostatik«) oder bewegter elektrischer Ladung (»Elektrodynamik«), der Ausbreitung elektromagnetischer Wellen (»Elektromagnetismus«) wie Licht, Röntgenstrahlung oder radioaktiver Gamma-Strahlung und mit dem Verhalten elektrischer Ladungen in Leitern, Halbleitern oder Nichtleitern (»Festkörperphysik«).

Anwendung findet die Elektrizitätslehre heute vor allem in den Ingenieurwissenschaften bei Entwicklungen im Bereich der Energiegewinnung, Energieübertragung und Energienutzung in elektrisch betriebenen Maschinen sowie in elektrischen Schaltungen aller Art.

Obwohl der elektrische Strom einen so großen Nutzen für den Menschen hat, ist er bei direktem Kontakt lebensgefährlich. Deshalb gibt es zahlreiche Regeln für einen sicheren Umgang mit Elektrizität. Warnschilder weisen an Orten, an denen mit großen Stromstärken umgegangen wird, auf die Gefahren hin. Auch zahlreiche Schutzeinrichtungen, wie z. B. die Schmelzsicherungen in Sicherungskästen, die Kindersicherungen in Steckdosen oder die Schutzleiter in vielen elektrischen Haushaltsgeräten, helfen beim gefahrlosen Umgang mit Strom.

In der PHÄNOMENTA ist die Beschäftigung mit Elektrizität aber völlig ungefährlich. Hier kann man Erfahrungen machen, wie man selbst zum Teil einer Batterie wird, wie man beim Fahrradfahren Strom erzeugt, was ein Kurzschluss ist und welche Folgen er hat. Daneben lassen sich optisch schöne Phänomene und sogar die Entstehung eines richtigen Blitzes beobachten, und selbst den kleinen »Phänomenta-Flöhen« kann man durch ein wenig Arbeit und die dabei gewonnene Elektrizität wieder Leben einhauchen. Welche »Nebenwirkungen« fließender Strom hat und welche Wirkung diese entfalten, lässt sich eindrucksvoll an den magnetischen Kreisen und der Wirbelstromschleuder beobachten.

Handbatterie

An dieser Station kannst du selbst zum wesentlichen Bestandteil einer Batterie werden. Wie groß die dabei entstehende Spannung ist, lässt sich mit einem Voltmeter messen – bei jedem ist sie anders!

Wenn du deine Hände auf zwei der ausgelegten Platten auflegst, entsteht eine elektrisch leitende Verbindung zwischen deinen Handflächen und der Metalloberfläche der Platten. Sie ermöglicht es, dass positiv geladene Teilchen (Ionen) die Metalloberfläche verlassen und sich an den Handinnenflächen anlagern. Im Metall bleiben einzelne negativ geladene Teilchen zurück, die Elektronen. Legt man zum Beispiel die linke Hand auf die Zinkplatte ganz links auf dem Pult und die rechte Hand auf die Kupferplatte weiter rechts, lösen sich aus dem Zink mehr Ionen heraus als aus dem Kupfer. Das liegt daran, dass Kupfer ein edleres Metall als Zink ist und sich somit die Kupferionen wesentlich schwerer aus dem Metallverbund herauslösen lassen.

Mit dem Auflegen der Hände entsteht also ein Elektronenüberschuss auf beiden Platten. Jedoch ist die Anzahl der Elektronen, die auf der Zinkplatte zurückbleiben, größer als die auf der Kupferplatte. Der so entstandene Ladungsunterschied verursacht eine elektrische Spannung zwischen den Platten, die von dem Gerät auf dem Pult, einem Voltmeter, gemessen werden kann. Die Spannung bleibt solange aufrecht, wie der Hautkontakt mit den Metalloberflächen besteht.

Während dieser Zeit finden zwei Prozesse gleichzeitig statt. Zum einen kann sich der Elektronenüberschuss über die Verbindung durch die Metallbänder ausgleichen. Und zum anderen werden ständig neue positive Ionen durch den Kontakt zwischen Haut und Metall aus den Platten herausgelöst. Die entstehende Spannung hängt dabei ganz wesentlich von der Feuchtigkeit der Hände ab, weil sie es ist, die den leitenden Kontakt zwischen Hand und Metall herstellt. So kann es passieren, dass Menschen mit eher trockenen Händen eine geringere Spannung erzeugen als Menschen mit feuchteren Händen. Außerdem hängt die entstehende Spannung von den Platten ab, die man benutzt. Wählt man zum Beispiel die beiden Zinkplatten aus, entsteht gar keine Spannung, weil sich auf beiden Seiten gleich viele Ionen aus dem Metall herauslösen.

Der Aufbau dieser Station entspricht im Wesentlichen dem galvanischen Element, benannt nach dem Italiener Luigi Galvani, das auch heute noch Anwendung in Batterien findet. Dabei übernimmt der Mensch mit seinen leicht feuchten Händen die Aufgabe der Batteriesäure, die sonst in Batterien dafür zuständig ist, die Ionen aus den Elektroden herauszulösen.

Ergometer

Mit diesen Fahrrädern lassen sich ein Fernseher und eine Kamera betreiben. Dass das ganz schön anstrengend ist, stellt man meist sehr schnell fest. Erfrischung bringt da der Ventilator, für den man sich allerdings ebenfalls ins Zeug legen muss.

Bei den Fahrrädern dieser Station handelt es sich um sogenannte Ergometer, auf denen man mit reiner Muskelkraft elektrischen Strom erzeugen kann. Dazu muss man sich nur auf das Rad setzen und kräftig in die Pedalen treten. Das grundlegende Prinzip beim Ergometer bildet ein Generator, der an das Hinterrad angeschlossen ist. Durch das Strampeln auf dem Fahrrad wird im Inneren des Generators eine Leiterschleife – das ist ein zu einem U geformter Draht, an dessen Enden man elektrische Geräte anschließen kann – kontinuierlich in einem Magnetfeld gedreht.

Durch die Bewegung im Magnetfeld wirkt auf die frei beweglichen Elektronen im Draht eine Kraft, die man Lorentzkraft nennt. Sie steht senkrecht zu den Feldlinien des Magnetfelds und hat nur Einfluss auf den Teil der Leiterschleife, bei dem die Bewegung nicht parallel zu den magnetischen Feldlinien verläuft. Durch diese Kraft entsteht eine elektrische Spannung, die umso größer wird, je stärker man trampelt.

Mit Hilfe der verschiedenen Schalter kann man nun bestimmen, welches elektrische Gerät als Verbraucher gewählt wird. Zum Betreiben der Leuchtstoffröhren reichen bereits einige Watt aus, bei der Videokamera und dem Bildschirm sind jedoch schon 100 Watt nötig. Und das kann man ganz schön fühlen! Möchte man möglichst viele Dinge gleichzeitig betreiben, muss man sich dafür richtig anstrengen.

Kurzschluss

Ein Kurzschluss in den eigenen vier Wänden endet meist in Sekundenbruchteilen damit, dass die Sicherung den Stromfluss unterbricht. Was ohne eine solche Sicherung passiert, könnt ihr an dieser PHÄNOMENTA-Station herausfinden.

Wenn ihr den Knopf der Station betätigt, erhaltet ihr ein ca. 20 cm langes Stück Draht. Spannt ihr diesen über die beiden Messingblöcke, die mit den Polen zweier Akkus verbunden sind, könnt ihr zusehen, wie der Draht allmählich anfängt zu glühen und kurze Zeit später durchschmilzt. Warum passiert das?

Normalerweise verbindet man die beiden Pole einer Batterie nicht direkt, sondern schaltet noch einen zusätzlichen Verbraucher dazwischen. Er stellt dem elektrischen Strom ein Hindernis entgegen, vergleichbar mit einer Engstelle in einem Wasserschlauch. An diesem Verbraucher wird elektrische Energie in Arbeit umgewandelt, sodass die Zuleitungsdrähte, die vergleichsweise dick sind, nicht heiß werden. Hat man aber, wie in diesem Exponat, zwischen den beiden Akkus keinen elektrischen Verbraucher zwischengeschaltet, so fließt der Strom über den Draht ungehindert von einem Pol zum anderen. Der Draht wird extrem heiß und beginnt zu glühen, bis er schließlich durchschmilzt.

So ein Kurzschluss entsteht beispielsweise dann, wenn sich in einem elektrischen Stromkreis zwei in der Isolierung beschädigte Stellen berühren, was im schlimmsten Fall zu Bränden in elektrischen Geräten führen kann.

ELEKTRIZITÄT

Plasmakugel

Wie kleine Blitze zucken rote und blaue Lichtfäden in der Glaskugel. Und physikalisch betrachtet handelt es sich tatsächlich um Blitze, wenn auch von viel geringerer Energie. Warum aber kann man die Kugel anfassen, ohne einen Stromschlag zu bekommen?

Im Sockel der Plasmakugel befindet sich ein Tesla-Generator, der eine Wechselspannung zwischen der äußeren Glaskugel und dem kleinen, mit Metallwolle gefüllten Kern im Zentrum aufbaut. Der Raum zwischen den beiden Kugeln ist mit einer Mischung verschiedener Gase bei niedrigem Druck befüllt. Die natürliche radioaktive Umgebungsstrahlung ist in der Lage, einzelne Atome des Gases zu ionisieren, d.h. aus ursprünglich neutralen Atomen werden Elektronen herausgeschlagen. Diese negativ geladenen Teilchen werden durch die Wechselspannung zwischen Kern und Glaskugel so stark beschleunigt, dass sie selbst in der Lage sind, andere Elektronen aus anderen Atomen herauszulösen. Dadurch entsteht in kürzester Zeit eine Kettenreaktion, bei der sehr viele Elektronen aus verschiedenen Gasatomen herausgelöst werden. Diese werden dank der Wechselspannung mal von der positiv geladenen Glaskugel, mal von dem dann positiv geladenen Kern angezogen, sodass ein Strom aus Elektronen entsteht, der ständig seine Richtung ändert.

Durch die Ionisierung der Atome erhitzt sich das Gas in der Nähe der Kettenreaktion. Weil die warme Luft aufgrund ihrer geringeren Dichte nach oben steigt, springen die Entladungsfäden dann in der Glaskugel hin und her. Das Leuchten der Fäden entsteht übrigens dadurch, dass einige Gasatome kein Elektron abgeben, sondern zum Leuchten angeregt werden.

Berührt man nun das Glas von außen, wird das elektrische Feld der Kugel verändert. Es bildet sich mit dem eigenen Körper ein induzierter (also kein geschlossener) Stromkreis zwischen der Erde und dem Inneren der Kugel, über den reichlich Elektronen abfließen können. Die Entladungsfäden bleiben nicht mehr ungerichtet, sondern alle Elektronen können über einen einzelnen Faden abfließen. Er leuchtet heller und erscheint dicker als vorher. Für den Menschen ist das ungefährlich, weil die Wechselspannung so schnell wechselt, dass der Strom nicht in die Haut eintritt, sondern nur über sie abfließt (Skin-Effekt).

Hörnerblitzableiter

Viele Häuser besitzen heutzutage einen Blitzableiter. Im Falle eines einschlagenden Blitzes leitet er den Strom in den Boden ab, sodass das Haus keinen Schaden nimmt. Der Hörnerblitzableiter ist zwar auch ein Blitzableiter, aber nicht mit der Erde verbunden. Er wird bei Hochspannungsleitungen eingesetzt, damit Überspannungen durch einen vorübergehend entstehenden Lichtbogen abgebaut werden können.

Per Knopfdruck wird mit einem Transformator eine sehr große Spannung von über 10.000 Volt erzeugt und an die beiden Hörner angelegt. Die Luft zwischen den beiden gebogenen Metallstäben wirkt zunächst als Isolator und verhindert ein Überspringen der Ladungen von dem einen Metallstab auf den anderen.

Nachdem der Trafo in Betrieb ist, schnellt ein Metallstift für einen kurzen Augenblick zwischen den Hörnern nach oben. Dadurch verringert sich der Bereich, der mit Luft gefüllt ist. Die isolierende Eigenschaft der Luft reicht nicht mehr aus. Es bildet sich an dieser Stelle ein Lichtbogen. Also eine stabile Gasentladung, bei der die Luft elektrisch leit-fähig wird und durch die energiereichen Stöße der Teilchen zu leuchten anfängt.

Sobald der Metallstift wieder nach unten aus dem Lichtbogen gezogen wird, wandert der Lichtbogen zwischen den Metallstäben langsam nach oben. Er wird dabei immer länger und reißt dann irgendwann ab. Diese Aufwärtsbewegung hat zwei Ursachen. Zum einen erwärmt sich die Luft im Lichtbogen und steigt auf. Zum anderen liegt es an den Eigenschaften des elektromagnetischen Feldes zwischen den Hörnern. Würden diese auf dem Kopf stehen, würde der Lichtbogen bei ausreichend großer Stromstärke sogar nach unten geblasen.

Elektrische Flöhe

Keine Angst: Bei der PHÄNOMENTA werden keine echten Flöhe unter Strom gesetzt, sondern nur kleine Styroporkügelchen. Doch woher kommt der Strom? Die Antwort hält der Besucher in den Händen!

Jeder Stoff enthält positive und negative Ladungen, welche normalerweise in gleichen Mengen vorkommen. Wenn man mit dem ausliegenden Wolllappen kräftig auf der Plexiglasscheibe entlangreibt, kommen die beiden Materialien in einen sehr engen Kontakt (weniger als der millionste Teil eines Millimeters). Elektronen, also negativ geladene Teilchen, aus der Wolle können nun auf die Plexiglasscheibe überspringen, wodurch diese einen Überschuss an negativer Ladung erhält. Weil sich ungleiche Ladungen anziehen und gleiche abstoßen, wirken die überschüssigen Elektronen in der Scheibe »polarisierend« auf die Styroporkugeln. Das bedeutet, die Ladungen im Styropor trennen sich: Die positiven Teilchen ordnen sich in Richtung der Plexiglasscheibe an und die negativen gehen auf den größtmöglichen Abstand. Übersteigt die elektrische Anziehungskraft dabei die Gewichtskraft des Styropors, bewegen sich die Kügelchen in Richtung Plexiglasfenster.

Diese Art der elektrischen Aufladung kann man manchmal beim Ausziehen von bestimmten Pullovern beobachten. Hier reibt der Stoff des Kleidungsstücks an der Haut und an den Haaren, wodurch sich die Ladungen trennen. Das kann sich nach dem Ausziehen des Pullovers in einem zu Berge stehenden Haarschopf oder in leisem Knistern verbunden mit kleinen Funken äußern.

Magnetische Kreise

Vor der Zeit des Navigationsgeräts mussten alle Menschen, ob zu Wasser oder Land, einen Kompass benutzen, um nicht die Orientierung zu verlieren. Dennoch muss dieser nicht immer nach Norden zeigen. Wodurch die Richtung der Kompassnadel beeinflusst werden kann, lernt ihr an dieser Station.

Der Kupferstab in der Mitte der Platte ist ein elektrischer Leiter. Regelt man die Spannung hoch, beginnt ein elektrischer Strom durch ihn zu fließen. Dieser Stromfluss erzeugt ein Magnetfeld, dessen Feldlinien konzentrische Kreise um den Leiter bilden. Das bedeutet, es entsteht ein magnetisches Feld, dessen Feldlinien ringförmig um den Kupferstab verlaufen. Das Zentrum der Ringe liegt jeweils im Mittelpunkt der Kupferstange. Je nachdem wie stark der Strom ist, der durch den Leiter fließt, ist das Magnetfeld stärker oder schwächer.

Das erzeugte Magnetfeld kann mit Hilfe der kleinen Kompassnadeln unter der Glasplatte nachgewiesen werden. Sobald elektrischer Strom fließt, bewegen sie sich aus ihrer bisherigen Ausgangslage, die durch das Erdmagnetfeld bestimmt ist, in die neue Richtung, die das Magnetfeld des Leiters vorgibt. Dabei ist die Auswirkung auf die Kompassnadeln desto größer, je näher sie an der Kupferstange liegen.

Würde der Strom in umgekehrter Richtung durch den Kupferstab fließen, würde sich auch das magnetische Feld umpolen. Genauer gesagt, würden sich die Feldlinien des Magnetfeldes dann andersherum um den Kupferstab drehen. Das würde sich auch in einer 180-Grad-Drehung der Kompassnadeln äußern. Das ist gleichzeitig der Nachweis, dass die Ausrichtung der magnetischen Nadeln mit der Fließrichtung des elektrischen Stroms im Kupferstab zusammenhängt.

Nebelkammer

Tagtäglich sind wir leichter radioaktiver Strahlung ausgesetzt. Diese wird durch die natürliche Strahlung der Erde sowie durch die kosmische Strahlung aus dem Weltraum verursacht. Der Mensch hat sich an diese Strahlenbelastung relativ gut angepasst, sodass er keinen Schaden davon trägt. In der Nebelkammer werden die Spuren der eigentlich unsichtbaren radioaktiven Teilchen sichtbar gemacht.

Das Gehäuse der Nebelkammer besteht aus zwei übereinander gestülpten Glashauben. Im unteren Bereich befindet sich eine schwarze Bodenplatte, die durch ein Kühlaggregat auf minus 30 Grad heruntergekühlt wird. Oberhalb der kalten Platte ist eine beheizte Rinne angebracht, in die beständig Alkohol tropft und verdampft. Der entstehende Dampf verteilt sich in der Kammer und wandert vom oberen, warmen Bereich in den unteren, kälteren. Dort bildet sich eine Schicht aus übersättigtem Alkoholdampf. Da die Luft unter den Glashauben gut gefiltert und sauber ist, gibt es keine Staubpartikel oder Ähnliches, an denen sich kleinere Tropfen oder Nebel aus Alkohol bilden können.

In der eingeschlossenen Luft sind immer radioaktive Elemente enthalten. Bei ihrem Zerfall entstehen schnelle geladene Teilchen, die auf ihrer Flugbahn durch die Nebelkammer Elektronen aus den Alkoholmolekülen herauslösen. Es bleiben positiv geladene Teilchen zurück, die dem Alkohol als sogenannte Kondensationskeime dienen: An ihnen lagern sich in der übersättigten Dampfschicht weitere Alkoholmoleküle an und es bilden sich kleine Tröpfchen. Genau in diesem Zustand sind sie aufgrund der speziellen Beleuchtung der Nebelkammer für den Beobachter sichtbar und erinnern an die Kondensstreifen von Düsenflugzeugen am Himmel.

Je nach Länge und Form der Nebelspuren kann man verschiedene Teilchen unterscheiden. Alpha-Teilchen (Heliumkerne) bilden wurmartige Linien, Beta-Teilchen (Elektronen, Positronen) hinterlassen dünne und je nach Energie kürzere oder längere Spuren, und Protonen führen zu relativ langen und breiten Streifen. Weil der kondensierte Alkohol schwerer ist als die Luft, sinken die Tröpfchen langsam auf die Bodenplatte der Nebelkammer ab und fließen von dort ins Vorratsbecken zurück.

ELEKTRIZITÄT

Fahrrad auf dem Hochseil

Ein Hochseil mit einem Fahrrad überqueren? In der PHÄNOMENTA schaffen es auch ungeübte Menschen, diese akrobatische Meisterleistung zu vollbringen.

Würdet ihr ohne Gegengewicht versuchen, das Seil mit dem Fahrrad zu überqueren, würdet ihr wahrscheinlich sofort das Gleichgewicht verlieren. Das liegt daran, dass sich in diesem Fall euer Schwerpunkt und der des Fahrrads oberhalb des Stahlseils befinden würde und ihr deshalb bereits durch leichtes Schwanken aus der Gleichgewichtslage gebracht werden könnt. In diesem Fall spricht man in der Physik von einem labilen Gleichgewicht.

Durch das Anbringen eines 25-kg-Gegengewichts wird der Schwerpunkt unter das Seil verschoben. Dabei wirkt die Vorrichtung, an der das Gewicht angebracht ist, wie ein Hebel. Im Vergleich zum Abstand zwischen Sitzposition und Seil vergrößert sich dadurch nach dem Hebelgesetz die effektive Masse des Gegengewichts auf 100 kg. Solange der Schwerpunkt unterhalb des Stahlseils liegt, spricht man von einem stabilen Gleichgewicht, weil das Fahrrad selbst bei geringen Abweichungen von der Gleichgewichtslage immer sofort wieder in diese zurückkehrt. So wird zum Beispiel bei leichtem Schwanken, das eventuell durch eure Tretbewegung verursacht wird, der Schwerpunkt des Systems, bestehend aus Fahrrad samt Fahrer und Gegengewichtskonstruktion, seitlich angehoben. Aufgrund der Anziehungskraft der Erde bewegt sich der Schwerpunkt aber sofort wieder in die Gleichgewichtslage zurück.

Erst wenn ein Fahrer 100 kg überschreitet, verschiebt sich der Schwerpunkt in das Seil oder noch darüber hinaus. Befindet sich der Schwerpunkt im Seil, spricht man von einem indifferenten Gleichgewicht. Das zeichnet sich dadurch aus, dass das System in jeder Lage stehen bleiben kann. Zu vergleichen ist das mit einem Autoreifen, der sich, wenn er vernünftig ausgewuchtet ist, gleichmäßig um seinen Mittelpunkt dreht und in jeder Lage stehen bleiben kann.

Im Zirkus benutzen Hochseilartisten zum Ausgleichen von Schwankungen häufig eine lange Balancierstange. Diese kann bei leichtem Abweichen von der Gleichgewichtslage nach links oder rechts in die entgegengesetzte Richtung geschoben werden, um einen Sturz vom Hochseil zu verhindern.

ATTRAKTIONEN

Lichtloses Tasten

In dem rund 57 Meter langen Rundgang ist das wichtigste Sinnesorgan des Menschen, das Auge, nicht zu gebrauchen – denn in dieser Station ist es stockdunkel!

Trotzdem sind wir in der Lage, den Weg durch Tasten zu finden. Mit jedem weiteren Durchgang würde das Bild des Weges genauer und differenzierter, sodass man sogar in der Lage wäre, obwohl man nichts gesehen hat, einen genauen Plan der Station zu zeichnen. Neben der Erkundung des richtigen Pfads gilt es auch, verschiedene Untergründe zu ertasten, die Empfindungen von weich bis hart, samtig bis rau, warm bis kalt und uneben bis spiegelglatt vermitteln. Zusätzlich sind auf dem Weg unterschiedliche Gegenstände verteilt, die man durch Fühlen erraten kann.

Das verlässlichste Bild der Umwelt erhält der Mensch, wenn er alle Sinnesorgane benutzt. Dennoch ist die visuelle Wahrnehmung am wichtigsten. Das merkt man, wenn sie ausfällt. Die anderen Sinnesorgane werden dann stärker aktiviert und ermöglichen so das Entstehen eines »inneren Bildes« des Rundgangs. Der Mensch ist also in der Lage, einen fehlenden Sinn sehr gut zu kompensieren. So sind auch Blinde in der Lage, sich eine Vorstellung von ihrer Umgebung zu machen.

Spin Station

Nicht immer dreht sich die ganze Welt um einen selbst. Hier tut es aber immerhin ein kleiner Raum, der mit vielen Gegenständen eingerichtet ist. Oder dreht man sich womöglich doch selbst?

Nimmt man auf der Bank in der großen Trommel Platz, ist einem noch völlig klar, dass sich die Trommel um einen selbst dreht. Beginnt sie sich aber tatsächlich zu bewegen, hat man bald das Gefühl, nicht die Trommel, sondern man selbst drehe sich. Das Experiment macht somit deutlich, dass es wichtig ist, aus welcher Position man die Trommel betrachtet: Aus Sicht eines Besuchers außerhalb der Spin Station dreht sich die Trommel. Sitzt man jedoch in ihr, hat man keinen festen Punkt, an dem man sich orientieren

kann, sodass das Gefühl entsteht, man drehe sich selber.

Das ist ähnlich der Situation am Bahnhof, wenn ein Zug neben einem anderen ausfährt. Sitzt man in dem Zug, der sich nicht bewegt, hat man schnell das Gefühl, man selbst bewege sich. Auch hier fehlt in diesem Moment ein fester Punkt, an dem man sich orientieren kann. Taucht zum Beispiel ein Mensch oder eine Säule, die das Bahnhofsdach trägt, im Blickfeld auf, erlischt die Illusion sofort.

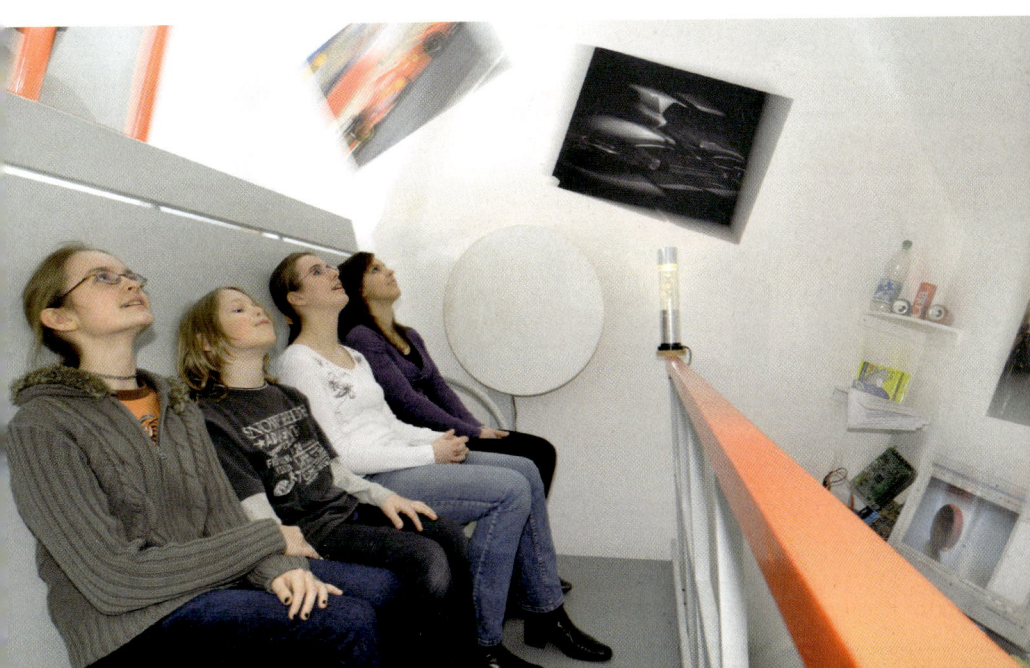

Mindball

Der Mindball bildet schon auf den ersten Blick eine Ausnahme in unserem interaktiven Wissenschaftsmuseum: Es ist die einzige Experimentierstation, bei der man nichts tun soll! Entspannung ist hier der Schlüssel zum Sieg.

Zwei Besucher nehmen an einem Tisch Platz und legen sich Stirnbänder an. Nach dem Start eines Computerprogramms setzt sich eine kleine Kugel auf dem Tisch von der Mitte aus in Bewegung. Sie rollt auf denjenigen Besucher zu, der in diesem Augenblick angespannter ist. Das Ziel ist es nun, durch Entspannung den Ball ins gegnerische Feld zu bringen. Gesteuert wird dies über die eigenen Gehirnströme, welche durch die Stirnbänder gemessen werden. Auf einem Monitor können die Gehirnaktivitäten während des Spiels mitverfolgt werden. Am erfolgreichsten sind diejenigen, die gar nicht daran denken, dass sie verlieren könnten.

Entspannung und deren Extrem, der Schlaf, gelten landläufig als das Gegenteil von Aktivität. Das dachten bis in die 1950er-Jahre hinein auch die Physiologen, bis Nathaniel Kleitman und Eugene Aserinsky 1953 die elektrische Gehirnaktivität während des Schlafes untersuchten. Sie stellten fest, dass die Nervenzellen im Gehirn von Schlafenden nach wie vor aktiv sind, dass es sogar Schlafphasen gibt, in denen die Gehirnaktivität der beim Wachzustand gleicht.

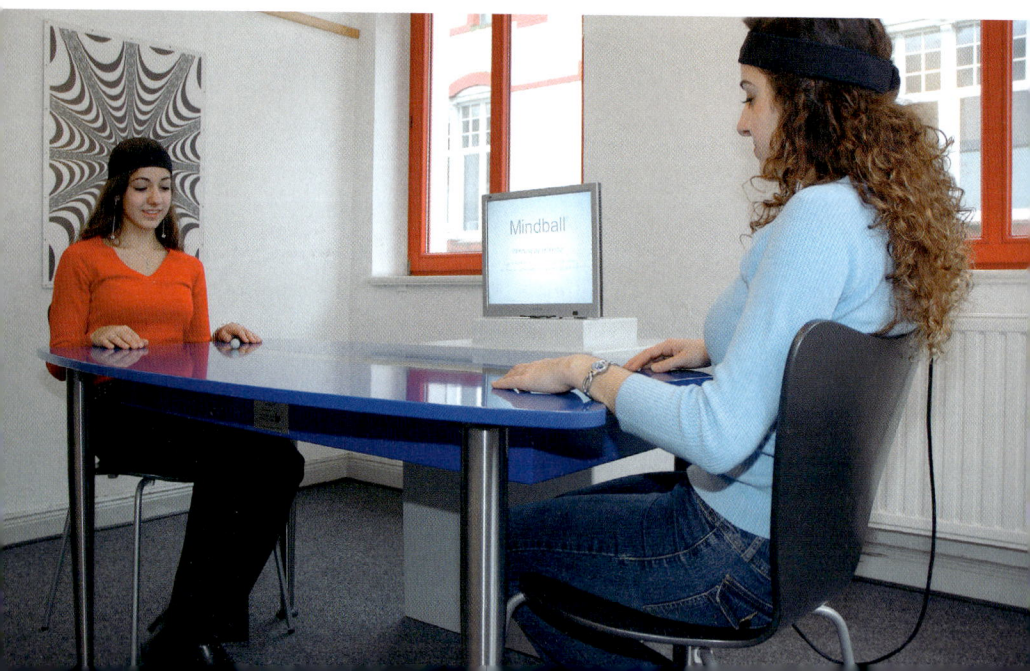

Wenn die Nervenzellen im Gehirn aktiv sind, fließt zwischen ihnen ein elektrischer Strom. Dieser war zunächst jedoch nur sehr kompliziert messbar. Ende des 19. Jahrhunderts musste man noch die Schädeldecke öffnen und die Gehirnrinde freilegen, um dort Messelektroden anzubringen. Die Messgeräte waren damals nicht empfindlich genug, um die kleinen Spannungen, die passend zu den Gehirnaktivitäten auch an der Hautoberfläche auftreten, messend zu erfassen. Erst mit elektrischen Verstärkern war man dazu in der Lage.

Im Jahr 1929 machte sich der deutsche Psychiater Hans Berger dies zunutze und entwickelte ein Verfahren, mit dessen Hilfe man die Gehirnaktivität mit Elektroden an der Kopfoberfläche messen kann. Dieses Verfahren nennt man Elektroencephalographie (EEG), was man aus dem Griechischen frei mit »elektrische Abbildung des Gehirns« übersetzen könnte. Es arbeitet mit 20 Elektroden (beim Mindball sind es nur drei) und ist heute ein übliches Verfahren zur Diagnose von Epilepsie und anderen neurologischen Erkrankungen. Zwischen den Elektroden wird die Spannung gemessen und in Form von Hirnstromwellen aufgezeichnet. Man unterscheidet Deltawellen (im Tiefschlaf), Thetawellen (beim Tagträumen), Alphawellen (entspannte Aufmerksamkeit), Betawellen (höhere Konzentration) und Gammawellen (komplexe Denkprozesse).

Beim Mindball werden Alpha- und Thetawellen aufgenommen und gemeinsam ausgewertet. Mit Hilfe eines Computerprogramms werden die Signale der beiden Mitspieler verglichen. Unter der Tischplatte befindet sich ein Magnetschlitten, der durch das Differenzsignal gesteuert wird und den Ball auf der Tischoberfläche mitführt. Das gemessene EEG-Spektrum kann sich allerdings sehr rasch verändern, was dazu führt, dass der Ball häufig mehrfach die Richtung wechselt, bis schließlich einer der Mitspieler gewinnt.

Die Erfolgschancen beim Mindball können übrigens durch Training verbessert werden. Wer Entspannungstechniken wie autogenes Training, Meditation oder Ähnliches beherrscht, ist klar im Vorteil. Optimal wäre natürlich ein Entspannungstraining mit angeschlossenen Elektroden, sodass man das Trainingsergebnis unmittelbar auf einem Bildschirm verfolgen kann. Solche Übungen sind unter der Bezeichnung »Neurofeedback-Training« weit verbreitet und helfen nicht nur beim Erlernen von Entspannungs-, sondern auch bei effizienten Konzentrationstechniken. Dieses spezielle Gehirntraining soll nicht nur bei ADHS (Aufmerksamkeitsdefizit-Hyperaktivitäts-Syndrom), Epilepsie und Depressionen helfen, sondern auch Gesunde zu kognitiven Höchstleistungen anspornen.

Phänomenta zu Hause

Anstatt »Topfschlagen« mal ein Spiegelbild hinterfragen, anstatt Fernsehen mal als hübscher Schatten Modell stehen – viele unserer Experimente lassen sich leicht nachbauen und können einen Kindergeburtstag oder einen langweiligen verregneten Sonntagnachmittag ordentlich aufpeppen.

In diesem Anhang versorgen wir Sie mit entsprechenden Anregungen und Bauanleitungen. Dabei soll es darum gehen, das jeweilige physikalische oder technische Prinzip einzelner Stationen unserer Ausstellung mit einfachen und haushaltsnahen Mitteln nachzuahmen. Kinder lassen sich gerne in die Bastelarbeiten mit einbeziehen. Das macht eine Menge Spaß und hat nebenbei auch einen vertiefenden Lerneffekt!

Wir haben uns hier aus Platzgründen auf einige ausgewählte Stationen beschränkt. Aber natürlich sind Ihrer Kreativität keine Grenzen gesetzt, sich auch andere Umsetzungen auszudenken und sich an weitere Experimente zu wagen.

Drei unterschiedliche Kräfte – Gewichtskraft, Sogkraft und Druckkraft – bewirken, dass ein Ball im Luftstrom schweben kann.

Dieses Experiment ist leicht nachzumachen: Anstelle des Wasserballs verwendet man einen Tischtennisball und anstelle des Gebläses einen Fön, der auf »kalt« gestellt wird. Achtung: Bei einem warmen Fön wird der Zelluloidball schnell zu heiß!

Man kann auch eine zuvor entleerte Kugelschreiberspitze benutzen, in die man kräftig hineinbläst. Der Tischtennisball schwebt dann auch.

Material: Fön, der sich auf »kalt« stellen lässt (oder Staubsauger, der sich auch als Gebläse nutzen lässt), Tischtennisball; Kugelschreiberspitze

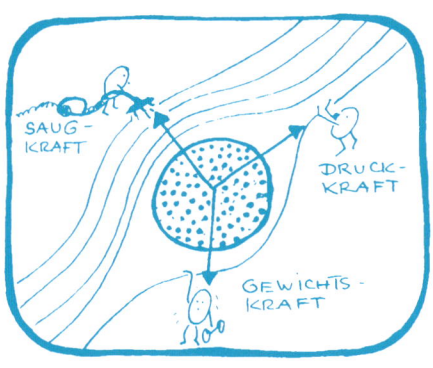

SAUG-KRAFT

DRUCK-KRAFT

GEWICHTS-KRAFT

Ein Flaschenzug ist eine »Kraftsparmaschine«, mit der fehlende Muskelkraft durch zusätzlich tragende Seilstücke ausgeglichen werden kann.

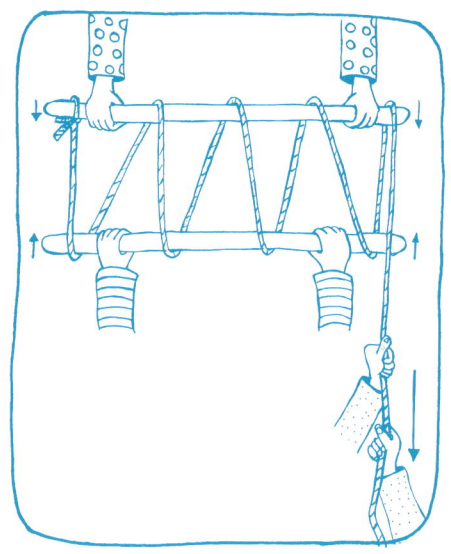

Das Prinzip des Flaschenzugs kann man auch anhand eines Experiments mit zwei Besenstielen und einem Seil demonstrieren: Zwei Kinder halten zwei Besenstiele im Abstand von etwa 30 cm waagerecht nebeneinander. Am Ende eines Besenstiels wird ein Seil befestigt und in der Art der Schnürsenkel an Schuhen um beide Besenstiele gebunden. Zieht dann ein weiteres Kind an dem freien Ende des Seils, gelingt es ihm, die beiden Besenstiele gegen den Widerstand der beiden anderen Kinder zusammenzuziehen.

Material: zwei Besenstiele, ein Seil

Gefrorene Schatten (siehe S. 20)

Die Wand an der Station Gefrorene Schatten ist mit einer phosphoreszierenden Farbe gestrichen, die nach einer Belichtung noch eine Weile nachleuchtet. Für diesen kurzen Zeitraum lässt sich der eigene Schatten festhalten.

Wie die Abbildung zeigt, können zu Hause auch mit anderen Mitteln »gefrorene Schatten« erzeugt werden.

Für scharfe Schattenränder braucht man eine möglichst punktförmige Lichtquelle (Spot). Das lässt sich ggf. auch mit einer Lochschablone vor der Lichtquelle bewerkstelligen. Außerdem sollte der Abstand zwischen Kind und Zeichenflä-

che möglichst gering sein. Der Abstand zwischen Lichtquelle und Kind sollte dagegen groß sein, wenn der Schatten nicht wesentlich über die wirkliche Kopfgröße hinaus vergrößert werden soll.

Mit Schattenbildern kann man auch ein Gesellschaftsspiel machen: Je zwei Kinder fertigen wechselseitig voneinander Schattenbilder an. Dann werden alle Bilder an die Wand geheftet. Gewinner ist, wer als erster alle Gesichter erkannt hat.

Schattenbilder lassen sich auch zur Wandgestaltung einsetzen: Die Schattenbilder aller Kinder werden auf die Wand gezeichnet und mit Fingerfarben ausgemalt. Auch hinsichtlich Schattenspiel und Schattentheater sind der Fantasie keine Grenzen gesetzt.

Material: Spot, Pappe in DIN-A3-Größe, Stifte, Heftzwecken bzw. Klebeband

Ein Stahlrohr sorgt dafür, dass man sich mit seinem Gesprächspartner auch bei 30 Meter Entfernung und über mehrere Ecken in normaler Lautstärke unterhalten kann.

Ein alternatives Experiment zur Schallübertragung ist der Bau eines Dosentelefons, allerdings muss man wissen, dass die Qualität deutlich schlechter ist. Man verwendet zwei Konservendosen, die auf einer Seite offen und auf der anderen Seite geschlossen sein müssen. Wenn an der offenen Seite scharfe Kanten sind, müssen diese entgratet oder mit Kreppklebeband abgeklebt werden, damit man sich später nicht verletzen kann. Die Dosen werden so gedreht, dass die geschlossenen Seiten oben sind. Mit dem Milchdosenöffner wird in jeden Deckel mittig ein Loch gestochen. In jedes Loch

wird nun ein Ende der Schnur geschoben. Nach Umdrehen der Dose wird die Schnur etwas herausgezogen und im Inneren der Dose durch mehrfaches Verknoten gegen Herausziehen gesichert. Nun zieht man die Schnur wieder zurück nach außen und das Dosentelefon ist fertig. Natürlich kann man die Dosen auch noch bunt bekleben.

Zum »Telefonieren« braucht man zwei Personen. Jeder bekommt eine Dose. Man geht soweit auseinander, bis die Schnur stramm gespannt ist. Die Schnur darf nirgendwo anstoßen. Wenn die Schnur gespannt ist, kann man miteinander reden. Derjenige, der gerade hört, hält sich die Dose ans Ohr. Beim Dosentelefon dienen die Dosen als Schalltrichter und die gespannte Schnur als Träger der Schallwelle.

Material: zwei leere Konservendosen (auch große Joghurtbecher sind möglich), Angel- oder Drachenschnur, Schere, Kreppklebeband, Milchdosenöffner, ggf. Kleber, Papier und Stifte

Zwei Nylonsaiten sind über einen Resonanzkasten gespannt. Durch Verändern der Spannung und Länge der Saiten lassen sich dem Instrument in der Ausstellung unterschiedliche Töne entlocken.

Die Abbildung zeigt den sogenannten Teekisten- oder Besenbass, ein einfaches Saiteninstrument, das schnell nachgebaut ist. Es besteht aus einer Holzkiste (stabiler Innenrahmen mit Sperrholz beplankt), einem Besenstiel und einer stabilen Schnur. Ein Ende der Schnur wird auf der Oberseite der Holzkiste angeknotet, das andere am oberen Ende des Besenstiels. Man stellt den Besenstiel auf die Kiste und spannt die Schnur: Schon kann es losgehen.

So etwas kann man auch in kleiner Ausfertigung bauen: mit einer Keksdose und einem Bindfaden, mit einem leeren Joghurtbecher und einem darüber gespannten Gummiband. Zwar entstehen so keine richtigen Instrumente, aber zumindest schnarrende Geräusche, an denen man seinen Spaß haben kann, sind damit zu erzeugen.

Material: Teekiste/Holzkiste, Besenstiel, stabile Schnur oder Keksdose, Bindfaden oder Joghurtbecher, Gummiband

Mit nur wenig Aufwand kann man zu Hause wunderschön große Seifenblasen selber machen. Auch wenn es nicht die Seifenblasenwand aus der PHÄNOMENTA ist, diese Blasen übertreffen die üblichen »Pustefix«-Blasen bei Weitem!

Die Blasen lassen sich mit einem größeren, selbst gebogenen Drahtrahmen erzeugen. Das »Pustefix« aus eigener Produktion kommt auf einen flachen Teller oder in eine Schale, in die der Drahtrahmen eingetaucht wird.

Unser Rezeptvorschlag für eine eigene Produktion von »Pustefix« erfordert ein wenig Geduld: Die Mischung muss etwas länger reifen! ¼ Flasche Fairy Original (125 ml), 10 l Wasser, 1 TL Glycerin (fettfrei). Diese Mengen sind entsprechend zu reduzieren, denn wer braucht schon – außer PHÄNOMENTA – soviel »Pustefix«.

Material: flacher Teller oder Schale, Draht, Pustefix-Zutaten (vgl. Rezept)

Die eigene gespiegelte Körperhälfte wird durch einen weiteren Spiegel zu einem scheinbar vollständigen, aber symmetrischen Spiegelbild ergänzt.

Spiegelsymmetrische Figuren lassen sich mithilfe der Kleksografie-Technik erstellen. Dafür bemalt oder bekleckst man ein Zeichenblatt mit Wasserfarben und faltet es dann in der Mitte, solange die Farben noch nass sind. Es entstehen wunderbare spiegelsymmetrische Bilder, die zur fantasievollen Deutung einladen. Sie sind auch zur Wanddekoration geeignet.

Material: Zeichenpapier, Wasserfarbe, dicke, weiche Pinsel, Glas für Wasser, Zeitungen zum Unterlegen, Schürzen

Der PHÄNOMENTA-Besucher setzt sich an dieser Station mit Eigenschaften und Erfahrbarkeit von Spiegelbildern aktiv auseinander. Eine sinnvolle Ergänzung dazu kann der Bau eines Spiegel-Kopiergerätes sein, mit dem man die Lage des Spiegelbildes näher untersucht und dieses auch nachzeichnet.

Dafür benötigt ihr eine CD-Hülle oder eine kleine Glasplatte. Die geöffnete CD-Hülle oder die Glasplatte wird senkrecht auf den Tisch gestellt, eventuell mit zwei Klötzen oder mit einem Papp-

winkel als Halterung gesichert. Ihr legt auf eine Seite die hell beleuchtete Bildvorlage und auf die andere Seite das leere Blatt Papier. Ihr seht durch die Glasplatte das Spiegelbild der Zeichnung scheinbar genau auf dem leeren Blatt.

Auf Folgendes ist zu achten: Die Vorlage muss hell beleuchtet sein, das leere Zeichenblatt im dunkleren Bereich liegen. Vorlage und Zeichenpapier müssen gleich hoch, am besten in einer Ebene, liegen. Die Vorlage sollte möglichst nahe an den halbdurchlässigen Spiegel geschoben werden.

Zeichnet nun das Bild mit eurem selbst gebauten Kopiergerät ab.

Material: CD-Hülle oder kleine Glasplatte (Rand ggf. mit Krepppapier sichern), Bildvorlage, ein Blatt Papier, Bleistifte, Lichtquelle

Ob wir eine Temperatur als kalt, warm oder lauwarm bewerten, hängt vom Vergleich zwischen der aktuell wahrgenommenen und der zuletzt wahrgenommenen Temperatur ab. Das Phänomen wird Adaption genannt und beschränkt sich nicht nur auf unsere Temperaturwahrnehmung!

Die PHÄNOMENTA-Station kann man mit Schüsseln unterschiedlich warmen Wassers nachbauen. In eine Schüssel wird kaltes Wasser – im Sommer mit Eiswürfeln – gegeben, in die zweite Schüssel Wasser bei Geschirrspültemperatur, die »Referenzschüssel« ist mit lauwarmem Wasser gefüllt. Zunächst wird je eine Hand in kaltes und warmes Wasser getaucht und eine Weile darin belassen. Dann taucht man beide Hände in die Schüssel mit dem lauwarmen Wasser.

Material: drei Schüsseln, kaltes, warmes und lauwarmes Wasser

Ein gezielt gelenkter Luftwirbel löscht eine Kerze.
Auch dieses Phänomen kann leicht und sicher nachgebaut
werden.

Im einfachsten Fall schneidet man in den Deckel eines Schuhkartons mittig ein rundes Loch und klebt ihn dann rundherum luftdicht mit Klebeband auf den Karton. Schläge auf den Kartonboden lassen im Loch die Zielwirbel entstehen.

Natürlich kann man auch zu Hause eine Kerze als Ziel der erzeugten Luftwirbel verwenden, deutlich sicherer wird es aber folgendermaßen: An einen Pappstreifen klebt man ein Stück Seidenpapier und schneidet es in schmale Streifen, die dann vorhangartig herunterhängen. Bringt man diesen »Vorhang« ins Zielgebiet, flattern die Papierstreifen, wenn sie vom Zielwirbel getroffen werden.

Material: Pappkarton oder größerer Schuhkarton, Pappstreifen, Seidenpapier, Klebeband, Schere oder Cutter mit fester Unterlage

Dank

Träger der PHÄNOMENTA ist eine gemeinnützige Stiftung. Zweck der Stiftung ist die Förderung der Wissenschaft und Bildung durch die Popularisierung der Naturwissenschaften – insbesondere der Physik und Technik. Dabei leistet die PHÄNOMENTA einen wichtigen Beitrag, bei jungen Menschen das Interesse an Ingenieurberufen zu wecken.

Der PHÄNOMENTA gelingt es, ohne öffentliche Fördermittel mit den erwirtschafteten Einnahmen die laufenden Kosten des Betriebes zu decken, was in diesem Sektor nahezu einzigartig ist. Bei größeren Investitionen ist die PHÄNOMENTA jedoch auf Spenden angewiesen. Aus diesem Grund engagieren sich Führungskräfte der südwestfälischen Industrie im Freundeskreis der PHÄNOMENTA, um die Ausstellung und den Ausbau tatkräftig und finanziell zu unterstützen. Wir freuen uns über jede Zuwendung, die wir für die Weiterentwicklung unseres Hauses einsetzen können.

Spendenkonto: Stiftung PHÄNOMENTA Lüdenscheid
Kontonummer: 142 786
Bankleitzahl: 458 500 05
Sparkasse Lüdenscheid

Die Erfolgsgeschichte der PHÄNOMENTA ist vor allem dem überdurchschnittlichen Engagement der Mitarbeiter und Mitarbeiterinnen zu verdanken. Durch den besonderen Einsatz des Stiftungsrates wird die Zukunftsfähigkeit der PHÄNOMENTA gesichert. Unentbehrlich für das Haus ist die Zusammenarbeit mit Ehrenamtlichen, die mit ihren Leistungen die PHÄNOMENTA unterstützen. Hierbei ist die wissenschaftliche und pädagogische Beratung durch den Verein PHÄNOMENTA Lüdenscheid e. V. sehr wertvoll. Neue Mitglieder sind jederzeit herzlich willkommen. Wir freuen uns über jeden, der sich persönlich engagieren möchte.

Kontakt:
Stiftung PHÄNOMENTA Lüdenscheid
Gustav-Adolf-Straße 9–11
58507 Lüdenscheid
Telefon: (02351) 2 15 32
www.phaenomenta.de

Mitwirkende des Buches

Gesamtleitung:
Gabriele Ansorge

Autoren:
Johannes Pöpping
Sebastian Bühren

Lektorat:
Sonja Grimm
Susanne Pütz

Anregungen für zu Hause:
PHÄNOMENTA Lüdenscheid e. V.

Entwurf der Zeichungen:
Dagmar Hoffmeister

Fotografien und Bildbearbeitung:
Fotostudio Dahlhaus
Studio Andreas Lange
Martin Büdenbänder
Gabriele Ansorge

Finanzielle Unterstützung:
Sparkasse Lüdenscheid
Arbeitgeberverband der Metall- und
Elektro-Industrie Lüdenscheid
Südwestfälische Industrie- und
Handelskammer zu Hagen

Abbildungsverzeichnis

Register

Register